材料科学基本概念

[英]阿德里安·P.萨顿（Adrian P. Sutton）◎著

全栋梁 张宇鹏 赵雄涛 ◎译

CONCEPTS OF MATERIALS SCIENCE

北京理工大学出版社
BEIJING INSTITUTE OF TECHNOLOGY PRESS

北京市版权局著作权合同登记号 图字：01-2024-2518

©Adrian P. Sutton 2021

Concepts of Materials Science was originally published in English in 2021. This translation is published by arrangement with Oxford University Press. Beijing Institute of Technology Press Co., Ltd. is solely responsible for this translation from the original work and Oxford University Press shall have no liability for any errors, omissions or inaccuracies or ambiguities in such translation or for any losses caused by reliance thereon.

《材料科学基本概念》最初于2021年以英文版出版，中译本经由牛津大学出版社授权北京理工大学出版社独家出版发行。北京理工大学出版社全权负责翻译原作，牛津大学出版社对翻译中的任何错误、遗漏、不准确或者模棱两可之处，或因其所造成的任何损失，不负任何责任。

版权专有　侵权必究

图书在版编目（CIP）数据

材料科学基本概念／（英）阿德里安·P. 萨顿著；全栋梁，张宇鹏，赵雄涛译. -- 北京：北京理工大学出版社，2024.8.
ISBN 978-7-5763-4419-6

Ⅰ. TB3

中国国家版本馆 CIP 数据核字第 2024D4G584 号

责任编辑：李颖颖	文案编辑：李思雨
责任校对：周瑞红	责任印制：李志强

出版发行 ／ 北京理工大学出版社有限责任公司
社　　址 ／ 北京市丰台区四合庄路6号
邮　　编 ／ 100070
电　　话 ／ （010）68944439（学术售后服务热线）
网　　址 ／ http://www.bitpress.com.cn

版 印 次 ／ 2024年8月第1版第1次印刷
印　　刷 ／ 廊坊市印艺阁数字科技有限公司
开　　本 ／ 710 mm × 1000 mm　1/16
印　　张 ／ 8.75
字　　数 ／ 151千字
定　　价 ／ 66.00元

译者序

材料科学与技术的发展水平体现了一个国家的综合实力。世界各国高度重视材料研究的创新发展，将先进材料列入国家战略性产业和优先发展的高技术领域。材料技术的发展日新月异，因此深入了解国际前沿发展动态，准确研判材料科学发展趋势，对我们做好先进材料的谋篇布局、实现创新超越具有重要意义。

在某材料专家组的大力支持下，先进物质与能源研究团队围绕前沿技术方向战略研判与先进材料结构规划论证需求，持续开展国内外重点领域的跟踪研究，系统推进动态简报发布、前沿技术研判和专题资料编译等方面的工作。先进物质与能源研究团队组织进行了《材料科学基本概念》[Adrian P. Sutton FRS – *Concepts of Materials Science*（2021, Oxford University Press）]的翻译工作。

译、校者虽在译文、专业内容、名词术语等方面进行了反复斟酌，并向有关专业人员请教，但由于译、校者的水平和对新知识的理解程度以及时间有限，书中难免有不当之处。不当之处恳请读者批评指正。

翻译组

作者简介
ABOUT THE AUTHOR

阿德里安·P. 萨顿在牛津大学和宾夕法尼亚大学接受了材料科学教育，曾在牛津大学、阿尔托大学和帝国理工学院担任教授。作为一名材料物理学家，他主要研究材料科学的基本问题，因而授课横贯整个本科课程。他曾为美国、日本和英国的公司提供咨询。2003 年，他被选为英国皇家学会院士。同时，他还是伦敦材料理论和模拟中心托马斯-杨中心的创始人之一。2009 年，他成为帝国理工学院材料理论与模拟的博士培训中心（Centre for Doctoral Training，CDT）创始主任。该中心吸引了来自英国和海外的一百多名拥有物理学和工程学一级荣誉学位或同等学位的毕业生进入材料科学领域。他的著作《反思博士》介绍了广受好评的 CDT 非凡的故事。2012 年，他被授予帝国理工学院杰出教学创新校长奖章。2018 年，他辞去有薪工作，专注于学术研究。帝国理工学院授予他名誉教授的头衔。他与妻子帕特·怀特居住在牛津。

前言

所有技术都取决于材料的可用性。如果没有材料创新,我们可能还生活在洞穴中。人类文明的各个时代都是由人们使用的材料定义的,从石器时代到青铜时代,再到铁器时代,再到现在的硅时代。马克·米奥多尼克曾详细论述材料如何塑造我们的生活[①]。罗伯特·卡恩则撰写了有关材料科学兴起的历史[②]。

而本书不同,它试图明确材料科学的关键概念和思想。这与任何特定的实验、理论、计算技术或任何特定材料无关。它描述了我认为对材料科学至关重要的十个概念。

我在写这本书时遇到的一个困难是材料科学与凝聚态物理、固态化学、固体力学和生物学之间的交叉重叠问题。材料科学已经变得如此广泛,以至于很长一段时间我都想知道,是否有一些概念可以将这门学科联系在一起。

我认为材料是凝聚态物质的一个子集,其特点是在现有或预期的技术中具有用途。与技术的联系是这门学科存在的理由。这就解释了为什么材料研究涉及科学家和工程师,以及为什么它经常被描述为"使能学科",因为它促进了技术的进步。我试图在本书中强调材料科学的基本性质及其知识的无穷丰富。

材料工程可被描述为利用材料的结构、特性和制造方法之间的关系[③],为特定应用设计具有最佳性能的材料。材

---

① Miodownik, M, *Stuff Matters*, Penguin Group (2013).
② Cahn, R W, *The Coming of Materials Science*, Elsevier (2001).
③ National Research Council 1989. *Materials Science and Engineering for the 1990s: Maintaining Competitiveness in the Age of Materials*, Chapter 1: What is materials science and engineering? pp. 19-34. National Academies Press: Washington DC. https://doi.org/10.17226/758.

料科学可以被描述为"理解这些关系"。理解和利用这些关系来设计和创建用于技术应用的材料是"材料科学"作为一门学科的本质。

为了确定材料科学的核心概念，我不得不剥离层层细节，寻找贯穿整个学科的思想。不可避免地，其中一些概念是主流物理科学所共有的，例如热力学稳定性（第一章和第二章）、对称性（第五章）和量子行为（第六章）。在这种情况下，我集中讨论了它们在材料科学中的特殊意义。

热力学定义了材料在其环境中的稳定状态。一种材料很少会处于这种稳定状态，而如果将材料单独放置在环境中，它就会向这种状态发展。这就立即引入了材料变化的概念，要么是向热力学稳定状态变化，要么是向受到各种力的作用而决定的其他状态变化。在晶体材料中，各种缺陷是变化的动因（第四章）。变化的速率由材料中无规则原子的运动决定，其既能促进缺陷的运动，也能阻碍它们的运动（第三章）。晶体材料中的缺陷及其相互作用完美地说明了通过较小长度尺度的集体行为在较大长度尺度的材料中出现新物理性质的概念（第八章）。新物理性质的出现跨越了从电子到工程组件的长度尺度范围，是材料科学一个具有决定性和独特性的特征。在这个长度尺度范围内操纵材料结构以获得所需特性的能力形成了针对特定应用材料的设计概念（第九章）。

材料的尺寸很重要，因为它们的特性在纳米尺度上更明显地受量子物理学的支配（第七章）。这导致纳米科学和纳米技术的兴起，而正是纳米科学和纳米技术支撑了现代信息存储和处理时代。在21世纪之交超材料引入之前，还没有任何材料显示出某些特性，例如负折射。超材料消除了这一限制，因为它们的特性不是由其化学性质决定的，而是由其精心设计的结构决定的（第十章）。将生物物质视为一种材料就诞生了活性材料的概念，其中复杂性和自组织源于集体能量消耗作用（第十一章）。

我一直致力于让所有接受过大学预科物理、化学和数学教育的人都能理解这本书。总的来说，我将数学的使用限制在初等代数和偶尔引用的公式上。只有在第十章，我才稍微放松了这种约束。这么薄的一本书无法自成一体。每章末尾都有参考书目作为延伸阅读。

材料科学的本科生和硕士生可能会发现这本书相较于他们平时阅读的内容有一种令人耳目一新的感觉，并从中获得启发性的补充。其他学科的毕业生可能会对材料科学的内容有所了解，而我希望这能吸引他们进入该学科进行研究生学习。我希望在材料科学领域的同仁们会觉得这本书很有启发性，偶尔也能激起一些讨论。

这不是一本教科书。本书并未涉及材料科学教科书中的大部分内容，反之亦然。尽管如此，这本书确实涵盖了很多领域。

我要感谢鲍勃·巴鲁菲、克雷格·卡特、马丁·卡斯特尔、彼得·多布森、麦克·芬尼斯、彼得·海恩斯、彼得·赫希、斯坦·林奇、托尼·帕克斯顿、约翰·彭德里、鲍勃·庞德、卢卡·耶里、克里斯·雷斯、查夫达尔·托多罗夫、瓦谢克·维特克和匿名审稿人提供的有用意见。任何其他的错误都是我的责任。

最后，我要感谢帕特的支持、鼓励以及她高超的编辑技巧。

帝国理工学院
2020 年 12 月

REVIEWS 推荐语

我强烈推荐这本书作为任何考虑申请大学学习材料的人的必备读物。

——彼得·海恩斯，帝国理工学院材料系主任

萨顿是材料科学领域的领军人物。他将材料科学的精髓提炼为最基本、最美丽的概念，并以每个理工科学生都能理解的方式呈现出来。这是每一位年轻科学家以及他们老师的必读之书！

——大卫·J. 斯罗洛维茨，香港大学工程学院院长

这本书是一个了不起的尝试，提供了在21世纪从事材料科学所需的基础知识。

——迈克·阿什比，剑桥大学

这本书将……在许多层次的教育上都很有用。它可能会将上过高级物理和化学课程的高中生引向他们从未听说过的大学专业。同样，它可能会激发大学物理和化学专业学生的热情，使之进入材料科学这个高度跨学科的领域并为其作出贡献。对非科学家来说，这将是大学科学课程中有用的补充读物。对专业人士来说，品鉴萨顿对其领域的广泛见解将是一种享受。

——弗朗斯·斯帕彰，哈佛大学

这本书试图成功地引导学生对大方向和一些关键概念形成认知，而无须深入细节。这使这本书具有极强的可读性和吸引力。

——江上武史，田纳西大学和橡树岭国家实验室

本书提供了一个框架。读者可以在此基础上对特定方向进行更深入的研究，而不会忽视那些能够将当今材料科

学所包含的大量热点联系在一起的基本物理概念。

——弗兰克·恩斯特，凯斯西储大学

本书不仅仅是对材料科学的介绍……它以深刻的洞察力编写，用简单的语言和最少的方程式进行解释。对本科生来说，这本书……将是有用的补充阅读。我会向大学预科学生……以及相关的研究生推荐这本书。

——史蒂夫·谢尔德，牛津大学

阿德里安·萨顿异常清晰的行文使学生只需阅读一百多页即可获得对这一学科的独特见解。这本书是无价的！

——赞蒂皮·马肯斯科，加利福尼亚大学圣地亚哥分校

教了这么多年材料科学，我很高兴看到萨顿清晰的阐述方式，同时我也有点儿嫉妒他的阐述能力。

——大卫·波普，宾夕法尼亚大学

萨顿以直接和非正式的写作风格并基于他对基本物理概念理解的重视……创作了这本奇妙的书……读起来令人很愉快。

——莫伊米尔·索布，马萨里克大学

目 录 CONTENTS

第一章　什么时候材料会稳定？ ·· 1
　1.1　概念 ·· 1
　1.2　简介 ·· 1
　1.3　定义 ·· 2
　1.4　热力学第一定律 ··· 4
　1.5　热力学第二定律 ··· 4
　　1.5.1　不可逆性和熵增 ·· 4
　　1.5.2　微观状态下的熵 ·· 7
　　1.5.3　构型熵 ··· 9
　　1.5.4　小结 ·· 11
　1.6　封闭系统和热源 ··· 11
　1.7　亥姆霍兹自由能 ··· 12
　1.8　吉布斯自由能 ·· 13
　1.9　化学势 ·· 14
　1.10　吉布斯－杜亥姆方程 ·· 15
　1.11　吉布斯相律 ·· 16
　1.12　结束语 ·· 16
　　延伸阅读 ··· 17

第二章　相图 ·· 18
　2.1　简介 ·· 18
　2.2　自由能－成分曲线 ··· 20

2.3　从自由能 – 成分曲线到平衡态 …………………………………… 21
2.4　完全混溶的相图 …………………………………………………… 23
2.5　固态下有限溶解的相图 …………………………………………… 24
　　2.5.1　共晶相图 ………………………………………………… 24
　　2.5.2　包晶相图 ………………………………………………… 25
2.6　结束语 ……………………………………………………………… 26
　　延伸阅读 ……………………………………………………………… 27

第三章　原子不停运动　28
3.1　概念 ………………………………………………………………… 28
3.2　原子运动的证据 …………………………………………………… 28
3.3　波动和热活化过程 ………………………………………………… 29
3.4　布朗运动 …………………………………………………………… 31
3.5　涨落 – 耗散定理 …………………………………………………… 32
3.6　材料中原子运动的一些其他特征 ………………………………… 34
　　延伸阅读 ……………………………………………………………… 36

第四章　缺陷　37
4.1　概念 ………………………………………………………………… 37
4.2　材料的变化 ………………………………………………………… 37
4.3　点缺陷 ……………………………………………………………… 38
4.4　位错 ………………………………………………………………… 42
4.5　晶界 ………………………………………………………………… 46
　　延伸阅读 ……………………………………………………………… 47

第五章　对称　48
5.1　概念 ………………………………………………………………… 48
5.2　简介 ………………………………………………………………… 48
5.3　守恒定律 …………………………………………………………… 50
5.4　晶体的物理性质 …………………………………………………… 51
5.5　拓扑缺陷 …………………………………………………………… 52
5.6　准晶体 ……………………………………………………………… 55
　　延伸阅读 ……………………………………………………………… 58

第六章　量子行为　59
6.1　概念 ………………………………………………………………… 59
6.2　原子的大小和特性 ………………………………………………… 59
6.3　双缝实验 …………………………………………………………… 60
6.4　全同粒子、泡利不相容原理和自旋 ……………………………… 64

6.5	泡利不相容原理的影响	66
6.6	隧穿效应	69
6.7	固体的热性能	70
6.8	量子扩散	72
6.9	结束语	73
	延伸阅读	73

第七章 微尺度效应 74

7.1	概念	74
7.2	简介	74
7.3	量子点	76
7.4	催化	78
7.5	巨磁电阻	79
	7.5.1 磁性的起源	79
	7.5.2 铁磁金属中的磁阻	82
	7.5.3 巨磁阻效应	82
7.6	结束语	85
	延伸阅读	85

第八章 集体行为 86

8.1	概念	86
8.2	多尺度特征	86
8.3	三个涉及多尺度的示例	88
	8.3.1 电子传导	88
	8.3.2 塑性变形	90
	8.3.3 断裂	91
	延伸阅读	92

第九章 材料设计 93

9.1	概念	93
9.2	简介	93
9.3	微观结构	94
9.4	一个例子：替换"镍"	95
9.5	自组装	96
	9.5.1 泡筏	97
	9.5.2 光子晶体	97
	9.5.3 量子点	98
9.6	智能材料	102

9.6.1　自愈材料 ································· 102
　　9.6.2　自洁玻璃 ································· 103
　9.7　结束语 ······································· 103
　　延伸阅读 ·· 104

第十章　超材料 ····································· 105
　10.1　概念 ·· 105
　10.2　简介 ·· 105
　10.3　一个例子：弹性波超材料 ······················ 106
　10.4　电磁超材料与负折射 ·························· 109
　10.5　隐形斗篷 ···································· 112
　10.6　结束语 ······································ 113
　　延伸阅读 ·· 114

第十一章　作为材料的生物物质 ······················· 115
　11.1　概念 ·· 115
　11.2　什么是生命？ ································ 115
　11.3　活性物质 ···································· 117
　11.4　合成生物学 ·································· 120
　11.5　结束语 ······································ 121
　　延伸阅读 ·· 121

第一章
什么时候材料会稳定？

一个理论的前提越简单、涉及的事物种类越多、适用范围越广，它就越令人印象深刻。因此，经典热力学给我留下了深刻的印象。它是唯一的普适物理理论。我相信，在其基本概念的适用范围内，它永远不会被推翻。

——转自阿尔伯特·爱因斯坦《爱因斯坦自述》第 31 页，保罗·阿瑟·席尔普翻译编辑，公开法庭出版公司（1996 年）。ISBN 0812691792。耶路撒冷希伯来大学。经阿尔伯特·爱因斯坦档案室及 Cricket Media 出版集团许可。

1.1 概　　念

当没有受力变形、辐照或被其他因素不断干扰时，材料会朝着与环境平衡的状态变化。热力学定义了在各种环境下实现这种平衡的条件。相图[①]是通常在大气压下，材料在温度和浓度变化时成分的平衡状态图。

1.2 简　　介

大多数材料是不稳定或处于亚稳态的。如果材料的能量处于局部最小值而不是最低能量状态，则该材料处于亚稳态。冰斗湖是水处于亚稳态的地方。湖中的水到达大海时能量最低。如果它要在不被蒸发的情况下到达大海，湖中的水位就必须高于保持水位的边界。当材料不受干扰时，无论它们所处的环境如何，它们都会向稳定状态演变。这种演变可能涉及一些明显的变化，例如腐蚀，即材料表面与环境中的气体或液体发生化学反应。不太明显的是材料内部发生的变化。它们也可能是化学性质的变化，涉及原子向发生变化的地方移动。材料的内部结构可能会发生其他变化，包括缺陷浓度降低，我们将在第四章中讨论这一点。根据材料的温度和必须克服的能垒，其中一些过程可能会难以察觉地缓慢发生，在某些情况下是在地质学时间尺度上（数

---

① 相图将在后续章节进行讨论。

亿年）缓慢发生。另外一些过程也可能会在皮秒（10^{-12}秒）内发生。这些过程可能的时间尺度范围跨越 27 个数量级[①]。

在其他一些情况下，材料被驱离稳定状态。例如，压水式核反应堆中核燃料棒的锆包壳不断受到中子的轰击；低密度聚乙烯暴露在阳光下会发生化学变化，变脆并释放出甲烷和乙烷；铁轨会因火车反复经过加重负荷而变形，并偶尔出现裂缝。

热力学定义了材料内不同区域相互平衡以及材料与所处的任何环境保持平衡的条件。如果材料能够与其环境交换能量和/或物质，则平衡也涉及这些交换。当一种材料处于平衡状态时，它是稳定的，因为它不会发生任何进一步的变化。在本章中，我们将了解这些条件是什么。

任何研究物理科学或工程的人最终都会遇到热力学，因为它的概念和原理是如此普遍，正如爱因斯坦在本章开头的引文中所说。我们将在本章中研究不少内容，我不会假设你对热力学一无所知。但首先我们需要定义一些我们要使用的术语。

1.3 定 义

在热力学中，我们将研究的对象及其环境称为系统。孤立系统是指处于内部的物体被能量和物质无法穿透的边界包围。将该对象与其环境分离，系统仅包含该对象。如果物体可以与环境交换能量但不能交换物质，则该系统称为封闭系统。也有一些开放系统，其中，物体可以与其所处的环境交换能量和物质。尽管在孤立或封闭系统中，物体的整体化学成分不会改变，但随着物体向平衡状态变化，其内部的元素可能会重新分布。一个物体的平衡状态不仅取决于物体本身，还取决于它是否以及如何与环境相互作用。

组成系统的化学物质称为组分。它们可能是原子，如铁和碳，也可能是分子，如水和甲烷。多组分系统的化学组成基于对存在的每种组分浓度的规定。在多组分系统中，发现原子结构和化学成分恒定的区域是很常见的。这样的区域被称为相。如果该相占据的区域只有纳米大小，那么很大一部分原子将靠近与它结合的表面或界面。这样一个小区域的结构和组成可能与宏观区域有很大不同。这么小的区域能否归类为一个相是值得怀疑的。这就是热力学只适用于包含大量粒子的宏观系统的原因之一。

我们习惯于使用摄氏温标（Celsius scale）[②]，其中零对应纯水的冰点，并

---

① 1 个数量级是 10 倍，27 个数量级意味着 10^{27} 倍。
② 1948 年，摄氏温标（Centigrade temperature scale）更名为摄氏温标（Celsius scale），它们是相同的尺度。

且可能出现负温度。在热力学中，我们使用绝对温标，以开尔文为单位测量，其零表示绝对最低温度。我们可以用理想气体的概念来定义这种尺度：存在一组完美的点状粒子，除非它们发生碰撞，否则它们不会相互作用。在固定压力下，一定量理想气体的体积与在绝对温标下测量的温度成正比，在零度下变为零。开尔文标度上的这个绝对零度等于 –273.15 摄氏度。因此，开尔文温度等于摄氏温度加上 273.15。

热是构成物体的原子随机运动的动能。当热体和冷体接触时，热体中原子的动能通过原子碰撞传递给冷体中的原子。当它们之间没有进一步的原子动能净转移时，我们说它们达到了相同的温度。在微观层面上，两个物体之间通过原子碰撞存在局部动能转移，但当物体具有相同的温度时，这些动能的平均总和为零。

构成研究对象的原子也具有势能。势能源于原子相互施加的吸引力和排斥力，以及它们与环境施加在物体上的电场、磁场和重力场的相互作用。在固体中，每个原子的势能和动能都在连续且极快地变化，因为每个原子都围绕其平均位置振动。振动周期约为 10^{-13} 秒。在 1 cm^3 的固体中，大约有 10^{22} 个原子。用每个原子的瞬时动能和势能来定义 1 cm^3 固体的状态是不可能的，也是没必要的。在热力学中，由单一成分组成的系统的状态可以仅用两个变量来定义，这两个变量称为状态变量。例如，一定量的单组分物质的热力学状态是由其状态方程决定的，它与压力、体积和温度三个状态变量相关联。当指定这三个状态变量中的任何两个时，第三个由状态方程确定。此外，与单个原子的动能和势能不同，这些状态变量是可通过实验测量的。状态变量和属性要么是广延变量，要么是强度变量。广延变量与系统的大小成正比，如体积、组分的量和内部能量。强度变量与系统的大小无关，如温度、压力和化学势（化学势在 1.9 节中讨论）。

当材料处于平衡状态时，强度变量，即温度、压力和化学势在整个系统中是恒定的。这是在没有任何作用于材料上的场（例如重力）的情况下对材料平衡状态的定义。当存在这样的场时，确定平衡状态就必须考虑它们。例如，当我们沿着柱子向下移动时，支撑高楼的柱子内的压力必须增加，以保持机械平衡。

正如我们已经指出的，材料未处于平衡状态是很常见的。只要它没有被驱离平衡边界，其作为系统变化的状态仍会起到很重要的作用。在这种情况下，它提供了材料内变化的方向。但它不提供变化的速率，因为时间不会出现在平衡热力学中。尽管许多最有用的材料并未处于平衡状态，但它们处于亚稳态，可以耐受比材料使用寿命更长的时间。如第九章所述，材料的这一特性在其设计中得到了广泛利用。

1.4　热力学第一定律

热力学第一定律是能量守恒定律：
能量不能被创造或毁灭，它只能从一种形式转换为另一种形式。

正如我们将在第五章中看到的，这条定律起源于一种特殊的对称性。能量的形式包括动能、热能和各种形式的势能，如化学能、电能、磁能、引力能等。

能量是做功的能力[①]。在热力学中，功不具有通常的"劳动意义"。它与力学中功的含义相同。当力的作用点沿力的方向移动时，做功就完成了。所做的功等于力乘以其作用点在力的方向上的位移。当做功时，能量被转移。如果物体周围的环境对其施加了力，并且其作用点在力的方向上发生了位移，则能量从环境传递到物体，反之亦然。当你通过拉动弹簧的末端来拉伸弹簧时，你正在对弹簧做功。你所做的功转化为弹簧的势能。如果你松开弹簧的末端，它会迅速缩回，其势能就转化为动能。我们将看到，在热力学中还有其他形式的功，而不仅仅是那些源自机械的功。

在封闭系统中，物体的内能可以通过两种方式增加。它可以接收热量，也可以对它做功。如果它失去热量或对外做功，它的内能就会减少。在开放系统中，物体可以与其环境交换物质和能量，其内能也可以通过添加或去除原子来改变。如果将特定元素的原子添加到系统中，同时没有热量传递或做功，内能就会增加，增加的量称为该元素的化学势。化学势是像温度和压力这样的强度变量，它们在孤立、封闭和开放的多组分系统的平衡中起着核心作用。

除非在极低的温度下，一个系统的平衡状态不仅仅取决于内能的最小化。例如，当固体熔化时，它的内能由于吸收潜热而增加，但熔化是相变到新的平衡状态。另一个基本要素是系统的熵。在经典热力学中，熵是由热机的特性抽象地定义的，我们在此不做深入讨论。在下一节中，我们将用更多的物理术语来介绍熵。

1.5　热力学第二定律

1.5.1　不可逆性和熵增

一名男子从 10 m 的地方跌入一个很高的装有 100 m³ 水的绝热水箱中时，

---

① 在下一节中，我们将看到热量转化为功的限制。更准确的说法是，自由能是在特定条件下做功的能力。1.7 节介绍了自由能。

被拍摄了下来。他的身体落入水中时会溅起水花，由于水箱壁很高，所以没有水溢出，只是产生波浪并拍在水箱壁上。最后他浮于水中，波浪消退，水面恢复平静，所有的水花都顺着水箱的侧面流回水体。

如果拍摄的影片倒放，我们会立即发现一系列不可能发生的事件。一个处于静止状态的人如何从装着完全静止的水的水箱中完全干燥地出来，并产生足够的速度在空中飞行以达到他在水面上方 10 m 的原始位置？虽然这明显是不可能的，但它并不违反热力学第一定律！男子在水面上方 10 m 时的势能转化为落水时的动能，然后转化为水箱中水分子的动能。换句话说，水的温度升高了。根据热力学第一定律，没有理由不能把传给水的热能转化为势能，并把他送回水箱上方的原始位置。

通过倒放影片，我们看到了一个时间方向被颠倒的世界。如果时间倒转，控制人和水分子运动的方程完全一样。它们显示出"时间反转对称性"。回到他在水箱上方的原始位置不会违反这些运动方程，因为它们与时间方向无关。但直觉告诉我们，这是不可能的。

我们遗漏了什么？在 100 m³ 体积的水中，大约有 10^{30} 个分子。这些分子中的每一个都可以在 100 m³ 体积的水中的任何地方。它们有一定的速度范围，由水的温度决定。当该男子跳入水箱时，每个分子都遵循特定的轨迹。它的轨迹是由它在一段时间内的位置和速度定义的，比如从他进入水面之前到水箱里的水在他周围稳定下来之后的这段时间。为了扭转他的跌落，每个水分子都必须遵循相同的轨迹运动，但方向相反。这是可能的，但这只是每个分子可以遵循的众多轨迹中的一条。所有 10^{30} 个分子的可能轨迹总数是一个巨大的数字，但它不是无限的。如果时间倒转，所有水分子的轨迹都颠倒过来，使人从水中弹射出来，这就不会违反能量守恒定律了。但要做到这一点，这 10^{30} 个水分子必须从可能发生的总数远大于 10^{30} 的轨迹中遵循其中特定的一组，因此，发生这种情况的概率非常小，基本上是不可能发生的①。

我们在这里关注的是自发或自然过程的不可逆性。一旦我们将新鲜牛奶搅拌到一杯茶中，我们就会发现无法再将它们分开。如果我们将热水和冷水注入浴缸，我们也无法将热水与冷水分开。当我们将一块金属（例如回形针）

---

① 如果这 10^{30} 个分子有无数条可能的轨迹，那么人在干燥状态下从水中出来并回到原来位置的概率为 $1/\infty = 0$。它不为零的原因是，尽管非常小，但两条轨迹之间的差异有一个下限，可以将它们归类为不同的。极限是由海森堡的量子理论不确定关系设定的。它指出，粒子位置坐标测量的不确定性乘以相应动量坐标测量的不确定性至少等于普朗克常数，$h = 6.626 \times 10^{-34}$ J·s。这将分子轨迹的 6×10^{30} 维空间（每个分子具有 3 个位置坐标和 3 个动量坐标）离散化为 10^{30} 个单元，每个单元的体积为 h^3。如果给定粒子的位置和动量落在同一个 h^3 单元内，则它们必须被视为相同。虽然 h 很小，但它不为零。因此，每个分子的可能轨迹的数量是一个非常大的数字，但它不是无限的。（这就是普朗克常数出现在服从经典物理学的粒子统计力学中的原因，尽管它通常是量子物理学的标志。）

变形，使其呈现新的永久形状时，金属会变得更硬、更热，并且不会自发地恢复到更柔软、未变形的状态。如果我们把一个瓷杯打碎了，哪怕小心地将所有碎片重新组合在一起，它也无法恢复到原始状态。如果通过电阻器对电容器放电，则电荷会减少并最终达到零。热量从高温区域流向低温区域，但不会再返回。正是这些过程的不可逆性定义了我们对时间方向的感知。尽管原子和分子的基本运动方程在时间逆转方面是对称的，但宇宙却不是。

在热力学中，过程的不可逆程度由熵来表征和量化。在所有不可逆过程中，系统及其环境的熵都会增加。对于可逆过程，熵的总变化必须为零。如果某处的熵发生负变化，那么它总是会被其他地方至少同样大的熵的正变化补偿。

热力学第二定律可以等效表述如下：

不可能制成一种循环动作的热机，从单一热源取热，使之完全变为功而不引起其他变化。

不可能把热量从低温物体转向高温物体而不引起其他变化。

在自发过程中，系统以自然的方式从非平衡状态向平衡状态转变。只有当系统处于平衡状态时，熵才是恒定的。如果该系统是孤立的，则其熵为最大，否则孤立系统的自发变化将导致其熵持续增长，因而无法实现平衡。热力学只告诉我们变化的方向和终点，而无法预测反应达到平衡所需的时间。

可逆过程会使系统经历一系列连续的平衡状态。这是一个难以达到的极限过程，实际只有在这个系统非常接近平衡的情况下，它才能被实现。哪怕在相反方向上略微驱动，这样的过程也可能完全反转。该过程必须非常缓慢地进行，以使整个系统在每次极小的变化后重新平衡。因为可逆反应系统仅通过一系列平衡状态，所以该过程的熵变为零。

物体经历平衡状态变化（如相变或温度变化）时熵的变化与这个过程是否可逆无关。这是因为物体的熵是由其平衡状态的变量如温度、压力和化学势唯一定义的。在平衡状态的变化中，熵的变化仅取决于初始状态和最终状态，而不取决于它如何从初始平衡状态变为最终平衡状态。熵的这一特性决定了它是一种状态函数。系统的任何属性只要是由其平衡状态唯一定义的，都称为状态函数，如内能。

在可逆的状态变化中，环境熵的变化是物体状态变化的负值，总熵的变化为零。在系统状态的不可逆变化中，物体及其周围环境的熵变化总和始终大于零，其随着不可逆程度的增加而增加。但是在所有情况下，无论变化的不可逆程度如何，经历状态变化的物体的熵变化都是相同的。

如果少量热量 δq 可逆地传递到物体中，则物体熵的增加由 $\delta q/T$ 定义，其中 T 是物体的温度。在这个定义中，δq 通常必须很小，否则在添加 δq 后，物体的温度会发生变化。但是，如果传递的热量是与相变相关的潜热，则 δq 可以是整个潜热，因为在相变期间温度 T 是恒定的。如果物体失去热量，则 δq 为负，物体的熵减小。

由于物体的内能是状态函数，因此，无论这种变化是可逆的还是不可逆的，它在状态变化中的变化量都相同。一般来说，状态的变化包括热量的增加或减少，以及在物体上或物体本身所做的功①。只有这两种对内能变化的贡献之和才与变化是可逆还是不可逆无关。这意味着单一热量的增加与损失或者在物体上以及物体本身所做的功都不是状态函数。

假设我们有一个孤立系统，其中存在局部温度变化。如果少量热量 δq 离开温度为 T_1 的局部区域，则该区域的熵变为 $-\delta q/T_1$。如果热量 δq 被传递到温度为 T_2 的区域，其熵的变化幅度为 $+\delta q/T_2$。系统总熵的变化为 $\delta q/T_2 - \delta q/T_1$。根据热力学第二定律，要使这个过程自发发生，熵的总变化必须是正的，即 $T_1 > T_2$。也就是说，热量只会自发地从温度较高的区域流向温度较低的区域，这也与我们的经验一致。最大熵的状态是指整个系统的温度是恒定的。我们认为这是孤立系统达到热平衡的条件。

热力学第二定律认识到热有一些独特之处。将势能转换为电能，再将电能转换回势能非常容易，尽管由于摩擦会产生一些损失。这是北威尔士斯诺登尼亚的迪诺维克发电站②经常做的事情。其他形式能量之间的转换也是可行的。但当最终产品是热的时候就不行了。例如，当一架飞机着陆时，它的大部分动能最终会在刹车时变成热量。尽管有热力学第一定律，但这种热量不能用于将飞机送回空中。热力学第二定律和经验告诉我们，当能量转化为热能时，我们就不可能将所有热能转化回功。这通常被描述为能量的"退化"。正如我们将在下一节中看到的那样，统计力学根据系统微观状态之间的能量分散来解释热的这种特性。随着能量变得更加分散，它做功的能力（如将飞机推向空中）就会下降。

1.5.2 微观状态下的熵

我们在 1.3 节中已经看到，孤立系统的热力学状态用压力、体积和温度等状态变量来表示。这些是宏观变量，它们定义了系统的宏观状态。正如我在第三章中所讨论的，如果我们能够在原子尺度上观察其中一种宏观状态，

---

① 焦耳膨胀（Joule expansion）是一个有趣的例外：理想气体占据半个容器，并通过可移动的隔板与另一半的真空隔开。整个容器是隔热的。隔板被拆除，气体迅速占据整个容器。没有热量进入或离开气体，也没有对气体做功或由气体做功。它的内能和温度保持不变。然而，正如我们将在下一节中看到的，它的熵增加了，因为它占据了两倍的体积。

② https://www.electricmountain.co.uk/Dinorwig-Power-Station.

我们就会看到原子在不断运动。如果在孤立系统中有 N 个原子，则有 $3N$ 个变量与它们的位置相关联，另外 $3N$ 个变量与它们的瞬时速度相关联①。这 $6N$ 个变量构成了系统的微观状态。对于系统的每个宏观状态，都有大量可能的微观状态②。但是一些宏观状态相较于其他来说有更多的微观状态。例如，当晶体熔化时，液态比晶体具有更多的微观状态，这是因为原子不再局限于它们在晶体内的平均位置。

熵的概念被引入的时候，并不是所有人都相信物质是由原子构成的。在经典热力学中，它的推导涉及"卡诺循环"和"热机"，因此有些抽象。路德维希·玻尔兹曼为熵提供了更多物理理解。玻尔兹曼证明了熵随着孤立系统微观状态数 W 的增加而增加，前提是内能、每种粒子的数量以及系统的体积和形状都是恒定的。如果假设每个微观状态都是等概率的，玻尔兹曼表明熵 S 与系统微观状态数 W 的对数成正比：

$$S = k_B \log_e W \tag{1.1}$$

其中，比例常数 k_B 是玻尔兹曼常数，等于 1.381×10^{-23} 焦耳/开尔文（J·K^{-1}）。玻尔兹曼常数是气体常数③，$R = 8.314$ J·mol^{-1}·K^{-1}，除以阿伏伽德罗数，$N_A = 6.022 \times 10^{23}$。如果一个孤立系统的宏观状态变化伴随着熵的增加，则新的宏观状态有更多的微观状态可以存在。这就是说，当熵增加时，内部能量会分散在更多的微观状态中。这并不能表明在任何给定的时刻，内部能量都分布在更多共存的微观状态中，只是意味着当选择用于整个宏观状态任何给定瞬间的微观状态时，有更多的微观状态可供选择。

不难看出为什么熵必须取决于微观状态数的对数。假设有两个处于相同温度的孤立系统 A 和 B。设系统 A 的微观状态数为 W_A，系统 B 的微观状态数为 W_B。两个独立的系统的熵分别是 $S_A = k_B \log_e W_A$ 和 $S_B = k_B \log_e W_B$。假设这两个系统进行热接触以形成一个单一的组合系统，同时在它们之间设置屏障以防止它们的内容物混合。由于两个系统 A 和 B 处于相同温度，它们之间没有热量流动，从而使组合系统的熵与独立的系统 A 和 B 的总熵相同。两个独立的系统总熵为 $S_A + S_B = k_B \log_e W_A + k_B \log_e W_B$，组合后系统的微观状态数为 $W_A W_B$，因此其熵为 $k_B \log_e (W_A W_B)$。这些表达式确实彼此相等，因为 $\log_e (W_A W_B) = \log_e W_A + \log_e W_B$。只有对数有这个性质。

在恒温下的理想气体中，可选择的微观状态数与气体的体积成正比，因为每个气体粒子都可以在整个体积中自由漫游。因此，理想气体在恒温下的

---

① 3 指的是来自系统的 3 个空间维度。
② 虽然微观状态的数量非常多，但由于 P005 脚注①中解释的量子力学原因，它并不是无限的。
③ 气体常数为 R，理想气体状态方程中 $PV = nRT$，其中 P 是以帕斯卡为单位测量的气体压力，V 是以立方米为单位的体积，T 是以开尔文为单位的温度，n 是以摩尔为单位的气体量。

熵与其所占体积的对数成正比。这就是焦耳膨胀中气体熵增加的原因（见 P007 脚注①）。相比之下，固体中的原子受其邻近原子的限制在比自身总体积小得多的范围内移动。它们围绕自己的平衡位置振动，并且其在恒定温度下可选择的微观状态随着它们振动幅度的增加而增加。因此，在给定的固体中，在较少受限、较多开放空间中的原子对固体总熵的贡献比在更受限环境中的原子更大。这些概念也适用于特殊材料，如胶体，其作为一种颗粒较小但比原子大得多的粒子悬浮在液体中。人们发现，悬浮在液体中的惰性粒子有时可能会结晶成不密集堆积的结构。这些疏松结构不是通过势能而是靠它们更高的熵来稳定的①。

1.5.3 构型熵

一个孤立系统的熵也可能由于可区分的原子混合在一起而增加，这称为构型熵。举一个简单的例子，假设有一个方形二维晶体，包括 10×10 个晶格格位。为简单起见，我们将忽略此示例中的原子速度。100 个晶格格位中的每一个都可以被黑色原子或白色原子占据。颜色表示同一元素的不同同位素，如碳 12 和碳 14，或两种元素的原子。假设有 50 个黑色原子和 50 个白色原子排列在 100 个格位上，存在一个"最分离"状态，如图 1.1（a）所示。还有一个"最混合"状态，其中每个黑色原子的四个相邻原子都是白色原子，反之亦然，如图 1.1（b）所示。图 1.1（c）是 100 个原子格位被 50 个黑色原子和 50 个白色原子随机占据的情况。令人惊奇的是，在这 100 个晶格格位上大约有 10^{29} 个相似的随机构型，由 50 个黑色原子和 50 个白色原子组成②。图 1.1 中每一种构型都是 100 个原子晶体的微观状态。

如果黑色原子和白色原子是同一种原子的同位素，那么所有这些构型的势能都是相等的，因为原子之间的键能与每个原子核中的中子数无关。在熔点以下的所有温度下，当晶体无序时，熵是最大的，因为所有 10^{29} 种构型都同样容易获得，并且绝大多数都是无序的。在具有超过 100 个原子格位的真实晶体中，可能的随机原子构型数量迅速增加。这就是在开发原子弹的曼哈顿计划中分离铀的同位素如此困难的原因。

假设同色原子间化学键的势能低于异色原子间化学键的势能，当黑色原子和白色原子之间的键数最少时，系统的势能就达到了最小。这对应图 1.1（a）的构型。将整个晶体围绕纸面的法线旋转 90°、180° 和 270°，可得到另外三种与图 1.1（a）等效的构型。任何偏离图 1.1（a）所示构型的行为都需要

---

① Mao, X, Chen, Q and Granick, S, Nature Mater 12, 217（2013）.
② 构型的总数是二项式系数 $^{100}C_{50} = 100!/(50!)^2$。随机构型的数量比 $^{100}C_{50}$ 少 6 个，因为有 4 个如图 1.1（a）的构型和 2 个如图 1.1（b）的构型。

图 1.1 10×10 方形晶格的四种原子构型，50 个"黑色"原子和 50 个"白色"原子占据 100 个晶格格位。（a）最分离的状态。（b）最混合的状态。（c）约 10^{29} 种构型之一，其格位被黑色原子和白色原子随机占据。（d）（a）中所示的原子构型，在界面处黑色原子和白色原子之间有一次交换。该交换在黑色原子和白色原子之间引入了 6 个新键，以红色显示。

能量，但如果孤立系统中没有热量，那么热力学第一定律就不允许此类偏离。因为有 4 种等效构型，所以构型熵是 $k_B\log_e 4$。

假设我们将图 1.1（a）中描述的系统快速加热到低温，然后将其孤立，孤立系统的新平衡状态是通过稍高内能下的最大熵来确定的。界面处相邻黑色原子和白色原子的交换提高了系统的势能，因为它增加了 6 个不同颜色原子之间的键数，如图 1.1（d）所示。如果晶体中有足够的热量来提供这种势能的增加，至少原则上，局部热波动可以使交换发生。新键的附加势能伴随着系统动能的降低，保持内能的恒定值。界面处的这对交换原子可以继续与其他原子交换，而不会进一步增加势能。因此，一旦在界面发生交换，交换的白色原子就可以占据图 1.1（d）的 50 个黑色原子格位中的任何一个。同样，交换的黑色原子也可以占据 50 个白色原子格位中的任何一个。因此，界面处的一次交换导致 50×50 = 2 500 个共享相同势能的新构型。构型熵由于界面上的这一交换而增加。

如果系统中有足够的热量，则可以进行进一步的交换。在平衡状态下，系统的原子结构在时间上不是恒定的，而是在给定的内能下经历所有可选择的状态。随着原子结构的变化，键的总势能也会发生变化。系统的温度必须改变，以保持内能恒定。平衡时的平均温度低于系统平衡前的温度。进一步向系统中注入热量，最终将使所有 10^{29} 种构型变得可实现。虽然图 1.1（a）所示的状态或其他三种等效构型之一仍然具有最低的势能，但当有许多更容易出现的无序构型［如图 1.1（c）所示］时，它就极不可能出现。

图 1.1（b）中显示的"最混合"构型出现在低温下，此时异色原子之间键的势能低于同色原子之间键的势能①。随着晶体被加热，可能会发生越来越多的原子交换，直到最终所有 10^{29} 种随机构型都变得可选择（假设它没有首先熔化）。因此，高温下晶体的平衡构型是所有 10^{29} 种构型的平均值，几乎所有构型都是随机的。在这种状态下，如果原子真的被涂成黑色和白色，那么在延时照片中，它们都会显示为灰色——介于黑色和白色之间。

1.5.4 小结

自发的自然过程的不可逆性赋予时间方向。这样的过程总是与系统及其周围环境的熵增有关：这是热力学第二定律。熵增越大，不可逆性的程度就越深。只有可逆过程不会产生熵。在孤立系统中，熵与系统可以利用其内能达到的微观状态数直接相关。将功转化为热量的不可逆性是由能量在系统大量微观状态之间的分散引起的。这种分散有时被称为"能量退化"：能量在转化为热量时是守恒的，但它做功的能力会变差。

1.6 封闭系统和热源

到目前为止，我们只考虑了孤立系统的熵。在封闭系统中，我们研究的物体可以与环境进行热交换，但不能进行物质交换。为了处理一个封闭系统，我们设想研究对象在一个恒定温度 T_r 下与一个大型热源进行热接触。热源的作用是接受或提供热量，以使物体保持在恒定温度 T_r。在此过程中，假设热源内没有不可逆的熵变化，如混合或化学反应，热源处于内部平衡状态。在这些条件下，如果热源向物体提供少量热量 δq_{rev}，它会经历可逆的状态变化，

---

① 注意左上角和右下角有黑色原子，右上角和左下角有白色原子。有一个等效的构型，通过将晶体围绕纸面的法线旋转 ±90° 获得，其中所有黑色原子和所有白色原子的格位互换。因此，这个构型的熵是 $k_B \log_e 2$。

并且热源的熵变化为 $\delta S_{res} = -\delta q_{rev}/T_r$。如果物体可逆地接受热量 δq_{rev}，它的熵会改变 $+\delta q_{rev}/T_r$。因此，在可逆的热传递中，熵的总变化为零。

在热量 δq_{rev} 从热源到物体的可逆传递中，物体的内能增加了 $\delta U = \delta q_{rev}$。这是因为当状态变化仅涉及热传递时，对物体或物体本身没有做任何功。但是假设物体的内能 $\delta U = \delta q_{rev}$ 的相同变化是由其状态的不可逆变化引起的，在该变化中，除了热量传递 δq_{irrev} 外，还做了功 δw。因此，$\delta U = \delta q_{rev} = \delta q_{irrev} + \delta w$。热源的熵变化为 $\delta S_{res} = -\delta q_{irrev}/T_r$，因为它已经损失了热量 δq_{irrev}，热源热含量的所有变化都是可逆的。由于物体经历了相同的状态变化，它的熵变化仍然是 $\delta S_{obj} = \delta q_{rev}/T_r$，因为熵是状态函数。而状态变化现在是不可逆的，因此 $\delta S_{res} + \delta S_{obj} > 0$ 一定是真的，因此 $\delta q_{rev} > \delta q_{irrev}$。差值 $\delta q_{rev} - \delta q_{irrev}$ 由对物体所做的功 δw 提供，该功在物体中退化为热量。

另外，如果状态变化涉及从物体到热源的热量传递，则状态变化不可逆时比可逆时传递的热量更多。设 δq_{rev} 和 δq_{irrev} 分别是从物体以可逆和不可逆状态变化传递到热源的热量。无论状态变化是否可逆，物体熵的变化都是 $\delta S_{obj} = -\delta q_{rev}/T_r$。热源熵的变化为 $\delta S_{res} = +\delta q_{irrev}/T_r$。因此，熵的总变化 $(\delta q_{irrev} - \delta q_{rev})/T_r$ 必须为正。差值 $\delta q_{irrev} - \delta q_{rev}$ 是物体在热源中退化为热量所做的功。

在这两种情况下，当状态发生不可逆的变化时，功就退化为热量。

1.7 亥姆霍兹自由能

我们已经看到，在孤立系统中，系统的熵达到最大时就会达到平衡。当一个孤立系统向平衡状态变化时，它的温度也会发生变化。在封闭系统中，通过将物体与热源接触来保持温度恒定，在该系统中建立平衡判据更为有用。但是，尽管没有粒子离开或进入物体，物体内仍然可能存在粒子运动和化学反应，从而产生新的相。平衡判据由亥姆霍兹自由能提供，它是内能、熵和温度的函数，因此它是一个状态函数。

"自由"（free）能源可能是世界能源供应问题的答案，但没有经济成本的"免费"（free）能源是不存在的。free 一词在此语境中的使用大为不同。正如我们将看到的那样，自由能指的是在保持恒定温度的系统中可以做功的最大能量。更好的描述是"可用功"或"有用能"，但我们仍坚持使用"自由能"，这是因为它已经成为一种常见用法。

亥姆霍兹自由能 A 被定义为内能 U 减去温度 T 乘以熵 S 的积，因此 $A = U - TS$。假设一个物体浸入温度为 T_r 的大型热源中。让物体经历从标记为"1"的状态到标记为"2"的状态变化。在状态 1 时，物体的亥姆霍兹自由能

是 $A_1 = U_1 - T_rS_1$，在状态 2 时物体的亥姆霍兹自由能是 $A_2 = U_2 - T_rS_2$。设物体从状态 1 到状态 2 所吸收的热量为 q，物体从状态 1 到状态 2 所做的功为 w，那么 $U_2 - U_1 = q - w$。由于内能是状态函数，$U_2 - U_1$ 与状态变化的不可逆程度无关。但是 q 和 w 确实取决于不可逆程度，所以 $q - w$ 与状态变化可逆发生时相同。如果状态的变化是可逆的，那么我们在上一节中看到 q 是一个最大值，它等于 $T_r(S_2 - S_1)$。亥姆霍兹自由能之差为 $A_2 - A_1 = -w$，可写为 $w = A_1 - A_2$。但是，如果状态变化不可逆，我们在上一节中看到热量 q 小于 $T_r(S_2 - S_1)$。在这种情况下，$A_2 - A_1 < -w$，可写为 $w < A_1 - A_2$。因此，两种状态之间亥姆霍兹自由能的变化是该过程中可做的最大功。当状态变化可逆时达到最大值。

回到亥姆霍兹自由能 $A_2 - A_1 < -w$ 的变化，我们看到，如果没有做功 w，$A_2 - A_1 < 0$ 处于状态的自发变化。由此可见，亥姆霍兹自由能在封闭系统中向最小值演变，在该系统中温度保持恒定，并且它被保持在刚性容器中，因此没有对物体做功或物体本身没有做功。亥姆霍兹自由能的最小化是在这些条件下系统平衡的判据。

1.8 吉布斯自由能

最后，我们得出了对材料科学（和化学）最有用的热力学结构之一。在上一节，我们看到亥姆霍兹自由能的最小化是物体在恒温下保持平衡的判据，前提是物体的表面受到约束，因此不能对物体做功或物体本身没有做功。如果物体在接近平衡状态时有膨胀的趋势，则膨胀会受到施加在物体上的约束的抑制，并且物体内部的压力会上升。在材料科学中，我们通常关注在海平面上由地球大气提供的 101 kPa 恒定压力下的材料。在大多数固体中，该压力对热力学稳定性的影响可以忽略不计。但是在软凝聚态物质中，以及当涉及气体时，更重要的是在保持恒定压力和恒定温度的系统中有一个平衡判据。在金属和合金的一些变形过程中，可能会产生足够高的压力，使通常在大气压下不会稳定的相稳定下来。在地球科学中，我们可能想知道矿物的哪些相在一定压力和温度范围内是稳定的，如可能存在于岩石圈中的那些相。吉布斯自由能的最小化是保持在恒定温度和恒定压力下系统的平衡判据。

吉布斯自由能 G 被定义为亥姆霍兹自由能 $U - TS$ 加上压力 P 乘以体积 V 的积，因此 $G = U - TS + PV$。由于 T、P 和 V 是状态变量，U 和 S 是状态函数，吉布斯自由能也是状态函数。

设想在恒定压力 P 和恒定温度 T 下，物体从标记为"1"的状态到标记为"2"的状态吉布斯自由能的变化，则 $G_2 = U_2 - TS_2 + PV_2$，$G_1 = U_1 - TS_1 + PV_1$。和上一节一样，我们可以写出 $U_2 - U_1 = q - w$，这与状态变化是可逆还是不可逆无关。由于 $q \leq T(S_2 - S_1)$，我们有 $G_2 - G_1 \leq -w + P(V_2 - V_1)$。项 $P(V_2 - V_1)$ 是物体在将体积从 V_1 变为 V_2 的过程中对抗外加压力 P 所做的机械功，它包含在 w 中。正如我们将在下一节看到的，物体内可能发生的化学形式的功对 w 有贡献，但不一定对体积的变化有贡献。为了考虑这些其他形式的功，我们写出 $w = w_c + P(V_2 - V_1)$，其中 w_c 代表化学功项。那么 $w_c \leq G_1 - G_2$。在整个系统温度和压力保持恒定的过程中，物体内化学过程所做的功小于或等于吉布斯自由能的减少量。当物体内部没有化学变化时，$G_2 - G_1 \leq 0$。恒温恒压系统平衡的判据是吉布斯自由能最小。这些通常是进行材料实验的条件，这就是吉布斯自由能是材料相平衡核心的原因。

1.9 化学势

在一个孤立系统中，内能是恒定的，系统没有做任何机械功，也没有热量进入或离开系统。但是，就此推断孤立系统的熵不会发生变化是错误的。例如，由于组分的混合，构型熵可能会增加，或者相变会发生而产生热量。孤立系统中熵变化的另一个例子是焦耳膨胀，如 P007 脚注①所述。

在均质材料中，内能、亥姆霍兹自由能和吉布斯自由能是广延变量。因此，它们必须取决于系统中存在的每种物质的粒子数。在恒定温度和压力下，当组分 i 的粒子数 n_i 发生少量变化 δn_i，而所有其他组分的粒子数保持不变时，吉布斯自由能的变化 δG 为 $\mu_i \delta n_i$。这是组分 i 的化学势 μ_i 最实用的定义。化学势像温度和压力一样，是系统的一个强度性质。温度的差异驱动热量的传输，压力的差异驱动体积的变化，化学势的差异驱动粒子的传输。在平衡状态下，整个系统中各组分的温度、压力和化学势都是恒定的①。

设想一种与其蒸气平衡的单组分物质，例如水。在给定的温度和压力下，蒸气压由气相和液相中水分子化学势是否相等决定。如果水分子从蒸气中抽走，则气相中的化学势变得小于液相中的化学势，水从液体中蒸发以恢复平衡。在多组分材料中，各组分的化学势可以通过改变组分与该材料平衡的气体中的压力来控制。通过将相关材料与另一种材料一起放置在密封容器中来实现气相中组分压力的多个数量级变化，可以使该组分的化学势具有很大差异。例如，通过将金属氧化物与另一种对氧具有更负化学势的材料（这意味着对氧的亲和力更强）一起放入密封容器中，金属氧化物可以被还原为金属。

设想一种含有 k 个组分的材料，它与其蒸气处于热力学平衡状态。让我们假设这些成分是原子而不是分子。设材料中组分 j 的原子数为 n_j，那么材料

---

① 当材料中存在场时，如应力场或磁性材料中的磁场，则必须在平衡条件下将其考虑在内。

中组分 j 的原子浓度为 $c_j = n_j/N$，其中 N 是材料中的原子总数。如果材料在恒定温度和压力下通过从蒸气中增加额外的原子总数 ΔN 而可逆地增长，则组分 j 的原子数的增加量为 $c_j \Delta N$。为了在系统中保持平衡，各组分的化学势在吸积过程中保持不变。那么，材料的吉布斯自由能变化是 $\Delta G = (\mu_1 c_1 + \mu_2 c_2 + \cdots + \mu_k c_k) \Delta N$。通过继续吸积过程，我们推导出材料中每个原子 g 的自由能是 $g = \mu_1 c_1 + \mu_2 c_2 + \cdots + \mu_k c_k$。在这里，我们看到材料的吉布斯自由能对化学成分的明确依赖性。让我们重复一下这个论点，但这次是针对内能。设想一种包含 k 个组分的材料的可逆生长，在组分 j 中以材料的成分恒定的增加少量原子 δn_j。温度 T、压力 P 和化学势 μ_1，μ_2，$\cdots$，μ_k 在整个系统中是恒定的。根据熵变 δS 与热量变化 δq 相关的定义 $\delta S = \delta q/T$，材料的热量变化为 $T\delta S$。材料所做的机械功为 $P\delta V$，其中 δV 是材料体积的微小变化。随着各组分原子数的增加，材料的内能变化为 $(\mu_1 \delta n_1 + \mu_2 \delta n_2 + \cdots + \mu_k \delta n_k)$。因此，材料的内能变化为：

$$\delta U = T\delta S - P\delta V + \mu_1 \delta n_1 + \mu_2 \delta n_2 + \cdots + \mu_k \delta n_k \tag{1.2}$$

这个方程被称为热力学第一定律和第二定律的组合。因此，当组分 j 的原子数变化 δn_j 时，在恒定熵和体积下的内能变化为 $\mu_j \delta n_j$。这是化学势的另一种定义，但不是很实用。更重要的一点是，$T\delta S$ 后面的项代表功。项 $(\mu_1 \delta n_1 + \mu_2 \delta n_2 + \cdots + \mu_k \delta n_k)$ 是"化学功"，它对应上一节中的项 w_c。

1.10 吉布斯-杜亥姆方程

通过对方程 (1.2) 的继续吸积过程，我们发现内能 U 等于 $TS - PV + \mu_1 n_1 + \mu_2 n_2 + \cdots + \mu_k n_k$。这个方程成立是因为每种物质的熵、体积和原子数都是广延变量，而温度、压力和化学势是恒定的。如果除了熵、体积和各组分原子数的微小变化之外，温度、压力和化学势也发生少量变化，则考虑内能的变化。我们得到[①]：

$$\delta U = (T\delta S - P\delta V + \mu_1 \delta n_1 + \mu_2 \delta n_2 + \cdots + \mu_k \delta n_k) + (S\delta T - V\delta P + n_1 \delta \mu_1 + n_2 \delta \mu_2 + \cdots + n_k \delta \mu_k)$$

将其与方程 (1.2) 进行比较，我们看到第二个括号中的项必须为零，即：

$$S\delta T - V\delta P + n_1 \delta \mu_1 + n_2 \delta \mu_2 + \cdots + n_k \delta \mu_k = 0 \tag{1.3}$$

---

① 设想 xy 的变化 $\delta(xy)$，如果 x 变为 $x + \delta x$，y 变为 $y + \delta y$，其中 $\delta x/x \ll 1$ 且 $\delta y/y \ll 1$，那么 $\delta(xy) = (x + \delta x)(y + \delta y) - xy$。把括号中的项相乘，我们发现 $\delta(xy) = (xy + x\delta y + y\delta x + \delta x\delta y) - xy = x\delta y + y\delta x + \delta x\delta y$。因此，分数变化 $\delta(xy)/(xy) = \delta x/x + \delta y/y + (\delta x/x) \times (\delta y/y)$。由于前两项远小于 1，第三项要小得多。因此，非常近似地得出 $\delta(xy)/(xy) = \delta x/x + \delta y/y$。两边都乘以 xy，我们得到 $\delta(xy) = x\delta y + y\delta x$。随着 δx 和 δy 趋于零，这个方程变得精确。它已被用于导出 δU。例如，TS 的变化是 $\delta(TS) = T\delta S + S\delta T$。

这种关系称为吉布斯-杜亥姆方程。该方程说明在平衡时，温度、压力和化学势的变化不是独立的。平衡时系统中存在的每个相都有一个吉布斯-杜亥姆方程。

1.11 吉布斯相律

吉布斯相律是构建相图的核心，我将在下一章中描述。设想包含相同的单一组分 κ 的两个相 α 和 β。例如，它们可能是液态水和冰。设相 α 温度为 T_α，压力为 P_α。相 α 中组分 κ 的化学势取决于：$\mu_\kappa^{(\alpha)} = \mu_\kappa^{(\alpha)}(T_\alpha, P_\alpha)$。设相 β 温度为 T_β，压力为 P_β。相 β 中组分 κ 的化学势：$\mu_\kappa^{(\beta)} = \mu_\kappa^{(\beta)}(T_\beta, P_\beta)$。如果两相平衡共存，四个关联变量 T_α、P_α、T_β 和 P_β 一定有 $T_\alpha = T_\beta$、$P_\alpha = P_\beta$ 和 $\mu_\kappa^{(\alpha)} = \mu_\kappa^{(\beta)}$。因此，有 1 个自由度（因为 4-3=1），这意味着只有一个状态变量可以随意改变。但是一旦它确定了，由两相 α 和 β 组成的系统在平衡状态下的热力学状态就完全确定了。例如，在 101 kPa 的常压下，冰和水处于平衡状态的温度是 0 ℃。但当压力为 209.9 MPa 时，冰的熔点变为 -21.9 ℃。

如果单一组分的三个相处于平衡状态，则每个相的温度和压力相当于六个变量。在平衡状态下，有两个方程与三个温度相关，两个方程与三个压力相关，两个方程与三个化学势相关。因此，存在 6-6=0 个自由度：存在唯一的温度和压力，在该温度和压力下，单一组分系统的三相可能处于平衡状态。它被称为三相点。在纯水中，三相点的温度为 0.01 ℃，压力为 611.2 Pa。

如果在 C 个组分的多组分系统中有 P 个相处于平衡状态，则自由度数值 F 由下式给出：

$$F = C + 2 - P \tag{1.4}$$

这就是吉布斯相律[①]。热力学状态变量的数量是 $C+2$，因为除了温度和压力之外还有 C 个化学势。然而，对于每个 P 相，$C+2$ 变量之间存在吉布斯-杜亥姆关系。于是有了这条规律。

1.12 结束语

本章涵盖了从热力学定律到吉布斯相律的大量内容。相律是构建温度-成分相图的基础，我们将在下一章继续讨论。不过我们几乎没有提到热力学

---

① 我在宾夕法尼亚大学就读时，教我热力学的大卫·盖斯凯尔给出了以下记忆技巧来帮助记忆相律：一支警队 = 一名警员 +2（a Police Force = a Constable +2）。

在材料科学中的作用。它的另一个应用涉及几个变量的演算，是建立材料属性之间通常很难推导的关系。当一种难以用实验测量的性质用其他可测量的量表示时，这种方法尤其有用。

热力学不关心相变的机理，也不关心达到平衡态需要多长时间。为了确定材料经历相变和接近平衡的速率，我们必须考虑"动力学"。在实践中，由于材料通常不处于平衡状态，在确定存在的相方面，动力学和热力学一样重要。它涉及对材料中发生变化的原子机制的研究。我们将在第四章对其中一些机制进行讨论。

延伸阅读

Adkins, C J, *Equilibrium thermodynamics*, 3rd edition, Cambridge University Press (1987).

Cottrell, A H, *An Introduction to metallurgy*, 2nd edition, The Institute of Materials (1995).

Denbigh, K, *The principles of chemical equilibrium*, Cambridge University Press (1964).

Gaskell, D R and Laughlin, D E, *Introduction to the Thermodynamics of Materials*, Taylor and Francis (2018).

第二章
相　　图

没有图片的书有什么用？
——刘易斯·卡罗尔《爱丽丝梦游仙境》。

2.1 简　　介

热力学在材料科学中最有用的应用之一是相图的构建。在本章中，我们将看到如何为双组分系统（又称为二元系统）构建温度–成分相图。

直接看一个温度–成分相图的例子。图2.1是水与岩盐的相图。岩盐是普通盐NaCl。相图是在大气压下，水和岩盐的混合物在不同温度下形成的稳定相的图。最左边是纯水，最右边是纯岩盐。浓度以食盐的质量百分比表示。

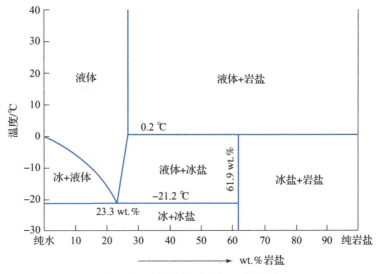

图2.1　水与岩盐（食盐）的相图

这意味着在 100 g 的 30wt. % 的岩盐样品中，有 30 g 岩盐和 70 g 水①。

在最左边，我们看到熟悉的纯水冰点为 0 ℃。如果我们将温度降低到 0 ℃ 以下，所有纯净的液态水都会转变为纯净的冰。纯水在大气压下有唯一的平衡冰点，为 0 ℃。假设我们冷却溶解于水中 10wt. % 食盐的液体溶液（我们将其称为盐水），将分开液体溶液与冰和液体混合物的蓝线向下弯曲，指向更低的温度。在食盐含量为 10 wt. % 时，它在约 -6 ℃ 时交叉。此时，我们得到了盐水与非常小的冰晶的混合物。冬天我们在路上撒盐，就是因为盐会降低水的冰点。如果我们继续降低温度，就会发生非常有趣的事情。冰晶继续以纯冰的形式增加，因为冰晶晶格只接受极低浓度的钠离子和氯离子——其太小以至于在相图中没有显示出来。因此，剩余液体中的食盐浓度必须增加，沿着分隔液体和冰 + 液体场的蓝线。随着我们进一步降低温度，这个过程继续进行，直到达到 -21.2 ℃，此时剩余的液体最终结晶成冰和冰盐的混合物。冰盐是一种固体水合物形式的盐酸盐，分子式为 $NaCl \cdot H_2O$。因此，在大约 -6 ℃ 和 -21.2 ℃ 之间的温度范围内，10wt. % 的盐水溶液逐渐冻结成冰和冰盐的混合物。

如果我们将 23.3wt. % 的岩盐水溶液冷却到 -21.2 ℃，它仍然是液体。在这个唯一的温度下，液体、冰和冰盐平衡共存。如果我们稍微降低温度，所有液体都会转化为冰和冰盐。在 23.3wt. % 的唯一浓度下，岩盐具有唯一的冰点。这是一个共晶相变的例子，我们将在 2.5.1 节中更详细地描述。就目前而言，我们注意到这是一个显著的相变，因为 23.3wt. % 的盐水必须分离成固体冰和固体冰盐，其中固体冰中几乎没有岩盐，而固体冰盐中岩盐浓度相对较高。为此，盐水中的钠离子和氯离子必须有相当大的位移。

最右侧是纯岩盐，它在图中所示温度范围内是固体。当我们在低于 0.2 ℃ 的温度下向纯岩盐中添加水时，会形成岩盐和冰盐的固体混合物。随着我们在相同温度下不断增加水的浓度，最终达到 61.9wt. % 的岩盐状态，其中只有纯固体冰盐。如果我们继续降低岩盐浓度，接下来会发生什么取决于温度的数值。温度低于 -21.2 ℃ 时，形成冰和冰盐晶体的混合物。高于 -21.2 ℃，但仍低于 0.2 ℃ 时，在饱和盐水溶液中形成冰盐晶体。温度高于 0.2 ℃ 时，冰盐分解成水和岩盐，因此在饱和盐水溶液中有岩盐晶体。

---

① 要将其转换为岩盐亚卤酸盐分子的百分比浓度 $c_{岩盐}$，我们需要岩盐和水的摩尔质量，$M_{岩盐} = 58.44 \text{ g} \cdot \text{mol}^{-1}$, $M_{水} = 18.00 \text{ g} \cdot \text{mol}^{-1}$。那么，在 30wt. % 的岩盐样品中，岩盐分子的百分比浓度为：

$$c_{岩盐} = 100 \times \frac{\frac{30}{M_{岩盐}}}{\frac{30}{M_{岩盐}} + \frac{70}{M_{水}}} = 11.7\%。$$

类似图 2.1 的相图非常有用。它们不仅告诉我们在给定的温度和成分下存在哪些相，而且边界（图 2.1 中的蓝线）显示了相变发生的位置。因此，大量信息以易于理解的形式表现在相图中。在本章的其余部分，我们将探讨如何使用上一章中描述的热力学原理构建简单的相图。

2.2 自由能 – 成分曲线

与第一章一样，我们将二元系统的两个原子成分标记为 B 和 W，即黑色（black）和白色（white）的缩写。设被白色原子占据的原子位置的分数为浓度 c，则被黑色原子占据的分数为 $1-c$。在每个 c 值处，假定黑色原子和白色原子随机占据晶格格位。通常情况下，为简便起见，我们还假设大气压对系统热力学稳定性的影响可以忽略不计。那么亥姆霍兹自由能和吉布斯自由能之间没有区别。如今，我们可以直接对真实合金系统进行定量和预测，避免了我们做出许多不确定的假设。下面的论点旨在提供一个定性的理解。

在恒定温度 T 下，每种合金中每个原子的自由能可以表示为 $c\mu_W(c,T) + (1-c)\mu_B(c,T)$，其中 $\mu_W(c,T)$ 和 $\mu_B(c,T)$ 是合金中白色原子和黑色原子的化学势。化学势是浓度 c 和温度 T 的函数。纯黑色物质和纯白色物质的化学势分别为 $\mu_B(0,T)$ 和 $\mu_W(1,T)$。

内能有两个来源。首先是系统的热含量。对于第一个近似值，热含量随温度线性增加。第二个是原子相互作用的势能。如果势能与黑色原子和白色原子随机放置的晶格格位无关，则系统的势能随 c 线性变化，如图 2.2 中的蓝线所示。这种情况被称为"理想溶液"。如果通过混合黑色原子和白色原子来降低势能，则内能会发生变化，如图 2.2 中的绿线所示。如果通过将黑色原子和白色原子分成相同颜色的原子簇来降低势能，则黑色原子和白色原子随机占据格位的内能会发生变化，如图 2.2 中的红线所示。

自由能中的另一项是 $-TS$。熵有两个来源。第一个来自原子振动。在这个简单的分析中，假设振动熵与浓度 c 无关，因此可以被忽略①。第二个是随机合金的构型熵，它在纯系统中从零平稳地上升到 $c=0.5$ 的最大值，因为当黑色原子与白色原子一样多时，合金的可能原子构型数量达到最大值。因此，在给定温度下，$-TS$ 项随浓度 c 变化，如图 2.2 中的黑色曲线所示。

通过将黑色曲线与图 2.2 中蓝色、绿色和红色曲线中的每一个"相加"，可以得到自由能 $A = U - TS$ 与随机合金浓度 c 的变化关系。这将产生如图 2.3 所示的曲线。这些曲线给出了每个原子的自由能 $c\mu_W(c,T) + (1-c)\mu_B(c,T)$。

---

① 还有一个电子对熵的贡献，假设它是独立于 c 的。

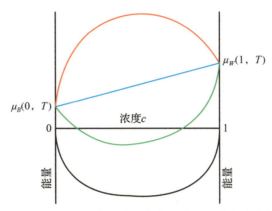

图 2.2 在恒定温度 T 下，对黑色组分和白色组分二元合金自由能的贡献与白色组分浓度 c 的关系。蓝色直线：没有用于混合或聚类偏好时，随机合金每个原子的内能。绿色曲线：不同颜色原子的混合在能量上有利时，随机合金每个原子的内能。红色曲线：相同颜色原子在能量上受到青睐时，随机合金每个原子的内能。随着温度的升高，蓝色、绿色和红色曲线的端点沿能量轴向上移动。黑色曲线：每个原子自由能中的 $-TS$ 项，其中 S 是随机合金的构型熵。请注意，在 $c=0$ 和 $c=1$ 时，黑色曲线是垂直的。

2.3 从自由能 – 成分曲线到平衡态

设想理想二元溶液自由能随成分的变化，如图 2.3 中的蓝色曲线所示。在每个浓度 c 下，最小自由能是黑色原子和白色原子的随机固溶体。同样的结论也适用于黑色原子和白色原子混合伴随着势能降低的情况，如图 2.3 中的绿色曲线所示。

图 2.3 中红色曲线的情况更有趣。它在图 2.4 中再现。浓度为 c' 的随机合金的自由能为 A_1。然而，如果随机合金分离成富 B 相和富 W 相，浓度分别为 c_α 和 c_β，浓度为 c' 的合金的自由能减小到 A_2。浓度 c_α 和 c_β 由公切线与红色曲线的交点定义。我们将这些浓度的相称为 α 和 β。设 α 相中合金的分数为 f_α，β 相中的分数则为 $f_\beta = 1 - f_\alpha$。相分离合金中的白色原子总数必须与随机合金中的相同。因此，$f_\alpha c_\alpha + f_\beta c_\beta = c'$，且 $f_\alpha = (c_\beta - c')/(c_\beta - c_\alpha)$，同时 $f_\beta = (c' - c_\alpha)/(c_\beta - c_\alpha)$。平均浓度为 c' 的合金的自由能 $A_2 = f_\alpha A_\alpha + f_\beta A_\beta$，其中 A_α 和 A_β 是 α 相和 β 相的自由能，如图 2.4 所示。

从图 2.4 的几何形状和方程 $A_2 = f_\alpha A_\alpha + f_\beta A_\beta$ 中可以明显看出，浓度在 c_α 和 c_β 之间的其他合金的最小自由能在 A_α 和 A_β 之间。$c = c_\alpha$ 处每个原子的自由能是 $A_\alpha = c_\alpha \mu_W(c_\alpha, T) + (1 - c_\alpha)\mu_B(c_\alpha, T)$。$c = c_\beta$ 处每个原子的自由能是 $A_\beta = c_\beta \mu_W(c_\beta, T) + (1 - c_\beta)\mu_B(c_\beta, T)$。公切线是一条直线，其方程为 $A = A_\alpha + [(A_\beta - A_\alpha)/(c_\beta - c_\alpha)]c$，其中斜率 $[(A_\beta - A_\alpha)/(c_\beta - c_\alpha)]$ 是一个常数。将 A_α 和 A_β 的

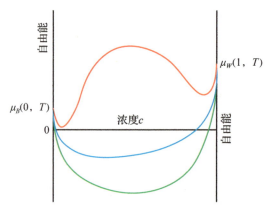

图 2.3 随机固溶体中每个原子的自由能与二元系浓度 c 的函数关系是通过将图 2.2 的黑色曲线（代表 $-TS$ 项）与代表三种情况内能的蓝色、绿色和红色曲线依次相加而获得的。

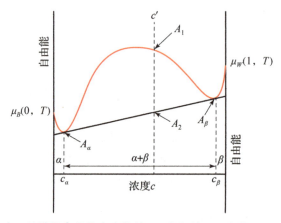

图 2.4 浓度为 c' 的随机合金的自由能从 A_1 减少到 A_2，它位于 A_α 和 A_β 的公切线上。具有自由能 A_1 的随机固溶体分解为自由能为 A_α 和 A_β 且浓度为 c_α 和 c_β 的两相。

表达式代入该方程，我们发现必须保持以下关系以确保斜率恒定：$\mu_W(c_\alpha, T) = \mu_W(c_\beta, T)$ 且 $\mu_B(c_\alpha, T) = \mu_B(c_\beta, T)$。我们认为这些关系是恒温恒压下热力学平衡中 α 相和 β 相共存的条件。公切线结构确保黑色原子和白色原子分离成两相后在整个系统中的化学势是恒定的。

在 $c = 0$ 和 $c = c_\alpha$ 之间的浓度下，仅存在 α 相。α 相是白色原子分散在主要是黑色原子的溶液中，溶解度的极限为 $c = c_\alpha$。随着白色原子浓度进一步增加，β 相出现，这是一种黑色原子分散在主要是白色原子中的溶液。两相区域存在于 $c = c_\alpha$ 和 $c = c_\beta$ 之间。在 $c = c_\beta$ 和 $c = 1$ 之间，仅存在 β 相。

图 1.1（b）所示的结构是如何产生的？这些结构出现在特殊的（合理的）原子浓度下，如 $c = 1/4$，$1/2$，$3/4$，形成特定或有序晶体结构。它们被

称为"中间相"或"有序合金"。当与晶体中的化学键相关的势能超过混合熵时,它们就会出现,强烈倾向于特定的原子结构。这些特殊浓度的微小偏差会显著提高合金的势能。如图 2.5 所示,对于 $c = 1/2$ 处的中间相 γ 的情况,自由能对成分的依赖性在特定浓度下会显示出一个最小值。图 2.5 显示了三个相 α、β 和 γ。请注意,γ 相仅在以 $c = 1/2$ 为中心的非常有限的浓度范围内单独出现。它出现在两相区域 $\alpha + \gamma$ 和 $\gamma + \beta$ 中。图 2.1 中有一个中间相的例子。成分为 $NaCl \cdot 2H_2O$ 的冰盐相出现在 $c = 1/3$ 时,对应的质量浓度为 61.9%。自由能组成的曲线随着与 $c_{岩盐} = 1/3$ 的偏差而迅速上升,冰盐相显示为一条线。

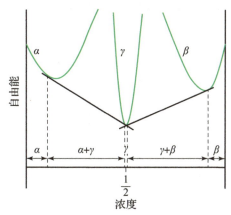

图 2.5 具有中间相 γ 的二元合金在 $c = 1/2$ 处的自由能 – 成分曲线。请注意 γ 相单独存在于相邻的两相区 $\alpha + \gamma$ 和 $\gamma + \beta$ 之间的成分范围很窄。

2.4 完全混溶的相图

图 2.6 (a) 为给定压力(例如大气压)下液态和固态都完全混溶的组分 B 和 W 的温度 – 成分相图。为了在固态下完全混溶,这些组分必须具有相同的晶体结构,并具有相似的原子尺寸和键,比如银和金。图 2.6 (b) – (f) 显示了从 T_1 到 T_5 温度依次降低时液相和固相的自由能 – 成分曲线。在温度 T_1 下,系统的所有成分都是液体。随着温度的降低,液相的自由能上升,固相的自由能下降。在温度 T_2 时,纯组分 B 固化,纯组分 W 在 T_4 时固化。在此温度范围内,液相和固相共存于两相区 $L + S$。根据固定压力下的相律,两相可以共存于具有一个自由度的二元系统中。自由度体现在 T_2 和 T_4 之间的温度范围内。当温度低于 T_4(如 T_5)时,合金的所有成分都是固溶体。

两相区域由图 2.6 (d) 中的公切线结构定义,其中固相组分 W 的浓度低于与其处于平衡状态的液体,即 $c_1 < c_2$。参考图 2.6 (a),设想冷却浓度为 c_2

的液态合金。当温度达到 T_3 时，有固体出现，浓度为 c_1。在冷却通过两相区时，固相浓度增加，最终没有液体时浓度达到 c_2。然而，这是假设冷却速度足够慢，以至于组分 W 在固相中的再分配可以发生，以保持每个温度下的成分均匀。但实际上这种情况通常不会发生，固相的浓度梯度一般沿着其增长方向。

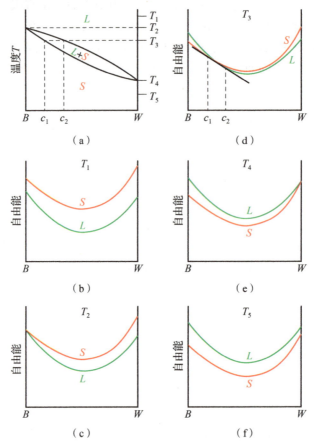

图 2.6 固相（S）和液相（L）中完全混溶的双组分系统的温度 – 成分相图（a）的构建。在五个温度 T_1 到 T_5 下固相和液相的自由能 – 成分曲线显示在（b）到（f）中。

2.5 固态下有限溶解的相图

2.5.1 共晶相图

当固态溶解度有限时（除了存在中间相时），更有趣的相图就会出现。我们在图 2.1 中遇到的共晶就是一个常见的例子。它由五组自由能 – 成分曲线构成，如图 2.7 所示。图 2.7（e）显示了三相共存的共晶温度下的自由能。

根据相律,当压力一定时,三相于双组分系统中仅能在唯一的温度下共存。

在共晶温度 T_4 下,液相转变为两种固溶体 α_1 和 α_2。请注意,共晶温度是所有液体组合物的最低冻结温度。两种固相通常具有不同的晶体结构。在这种情况下,它们由两条独立的自由能-成分曲线表示,而不是图2.7(b)-(f)中所示的一条(红色)曲线。只要液体的自由能曲线介于两个固相自由能曲线的最小值之间,就会得到共晶相图。

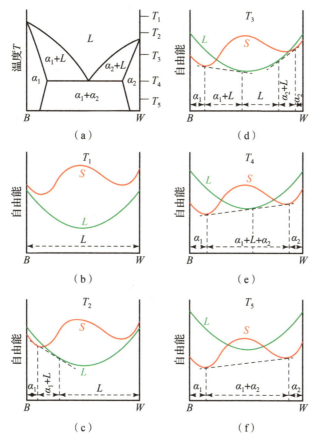

图2.7 用(b)到(f)五个温度下的自由能-成分曲线,来说明(a)中双组分系统共晶相图的构建。

2.5.2 包晶相图

另一种常见的二元相图是包晶相图,如图2.8(a)所示。当固态溶解度有限时也会出现这种情况。显示包晶相变的二元合金的例子包括铂铼合金和铝钛合金。在图2.8中,两个固相 α 和 β 是独立的,可能具有不同的晶体结构。这对包晶反应来说并不是必需的,它们可能是同相的两个浓度极限,如

图 2.7 中的红色曲线所示。在图 2.8 中，包晶温度为 T_3。在此温度下，α 相和液相反应生成 β 相。图 2.8（e）为包晶温度下的自由能 – 成分曲线。可以看出，所有三相的自由能曲线都有一条公切线，这表明它们在这个独特的温度下处于平衡状态。与共晶相图一样，这也符合相律。

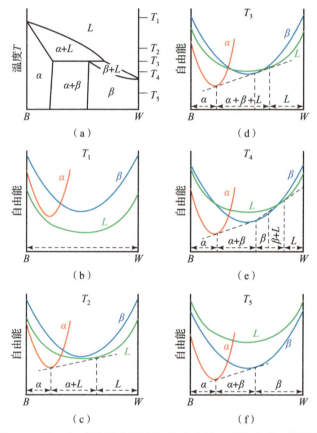

图 2.8　用（b）到（f）中的五个温度下的自由能 – 成分曲线，来说明（a）中的双组分系统的包晶相图的构建。

2.6　结束语

相图也可用于三组分（三元合金）或更多组分的合金。这并没有涉及新的规律，不过可以理解的是，它们在构造和可视化方面更加复杂，但相律总是适用的。

我们已经强调过，热力学和相图没有告诉我们物质接近平衡的速率。为此，我们必须考虑原子机制下引起材料变化的动力学。在下一章中，我们将了解材料在原子尺度上发生了什么，以及变化发生的一些机制。

延伸阅读

Cottrell, A H, *Theoretical structural metallurgy*, 2nd edition, Edward Arnold Ltd. (1960).

Denbigh, K, *The principles of chemical equilibrium*, Cambridge University Press (1964).

Gaskell, D R and Laughlin, D E, *Introduction to the Thermodynamics of Materials*, Taylor and Francis (2018).

Hillert, M, *Phase Equilibria Phase Diagrams and Phase Transformations*, Cambridge University Press (1998).

第三章
原子不停运动

关于物质的原子结构，必须假设物质的最小组成部分，即原子和分子，不是静止的，而是运动的。当然，这种运动是不能直接看到的；不过，通过布朗运动我们可以知道它的存在。热能与分子或原子的动能相同。因此，可以说热是一种无序的能量形式。

——经麻省理工学院出版社许可转自沃尔夫冈·保利的《热力学和气体动力学理论》，查尔斯·P. 恩茨编辑，S. 马格利斯和 H. R. 刘易斯翻译，维克托·E. 魏斯科普夫作序的《泡利物理讲座》第三卷，第 94 页。版权归麻省理工学院所有。

3.1　概　　念

固体中的原子是不断运动的。材料中许多过程都是由短暂的局部能量波动实现的，该波动也有助于降低缺陷的迁移率。

3.2　原子运动的证据

从 18 世纪到 19 世纪中叶，人们认为物体的热量与一种叫做卡路里的失重流体有关，这种流体从热的物体流向冷的物体。1849 年，詹姆斯·焦耳通过实验证明热是一种能量形式，相当于机械功。焦耳表明，3.086 0 尺磅（即国际单位的 4.185 8 焦耳）的机械功相当于 1 卡路里热量。1 卡路里是使 1 克水的温度升高 1 ℃所需的热量。如今，我们倾向于将这种等价变换仅仅视为卡路里和焦耳之间的单位转换。但从概念上来说，这是一个巨大的进步。那些相信原子存在的人很快就认识到，热量与它们相对于彼此运动的动能有关。认识到热是一种能量形式对于能量守恒定律和热力学第一定律的发展至关重要。

如果固体的原子完全固定在某个位置，声波就不可能通过它传播，这与声音不能通过真空传播的原因相同：声波的传播需要原子的运动。在金属中，热量主要由自由电子传导，但在绝缘体中，几乎没有自由电子。因此，通过具有固定原子的固体电绝缘体传导热量也不可能。金属的电导率随着温度的升高而降低，这是因为在被移动的原子偏移之前，自由电子行进的距离更短。电子的这种偏转称为散射。物体的热容是指将其温度升高1 ℃所需的热量。如果物体中的原子处于固定位置，它们就不能吸收能量，尽管在金属中自由电子仍然可以吸收能量。但金属中的自由电子仅解释了低温下观察到的热容的温度依赖性。在绝缘体中，除了最低温度下的金属之外，热容的温度依赖性主要由原子振动吸收的能量决定。

3.3 波动和热活化过程

我们在1.5.2节中了解到，当宏观系统处于热力学平衡状态时并不意味着其在原子尺度上没有任何变化。在原子尺度上，热力学平衡是一种动态状态，系统对可选择的微观状态进行采样。例如，设计一个宏观孤立系统，其中R是一个小的封闭子系统。系统的其余部分表现为与R密切接触的热源。因为R与系统的其余部分交换能量，R的内能在原子振动的时间尺度上波动。由于孤立系统的内能是严格守恒的，因此R外系统的能量波动正好补偿了R内的波动。如果R仅包含1~1 000个原子，则其内能的波动相对于其时间平均内能较大。

能量的空间局部波动在材料科学中非常重要。它们使材料内部的各种过程成为可能，包括扩散、永久（塑性）变形方面、从脆性行为到韧性行为的转变、退火软化、新相的成核和生长等。正如我们将在下一章看到的，在晶体材料中，所有这些过程都涉及晶体缺陷运动。缺陷运动存在能垒，克服它们所需的能量由局部波动提供。这被称为热活化，这个过程被称为发生了热活化。在较低温度下，相对于平均值的波动幅度会变得更小。因此，当温度降低时，热活化过程的速率会降低。尽管在较高温度下的波动较大，但应该清楚的是，R中内能的势能分量和波动中原子的动能一样都会发生变化。因此，区域R的边界由于R内部和外部原子之间力的变化而波动。

波动是热力学平衡的一个普遍特征，尽管由于它们十分短暂，动力学无法对其进行解释。波动理论是统计力学的范畴。不过我可以先让你了解一下。设E和U分别为子系统R内能的瞬时值和时间平均值。设N为R中包含的原子数。E与U偏差的时间平均值为零。那是因为$<E-U> = <E> - U = U - U = 0$，其中$<X>$表示$X$的时间平均值。但是，方差$(E-U)^2$的时间平均值不为零：$<(E-U)^2> = <E^2-2EU+U^2> = <E^2> - 2<E>U + U^2 = <E^2> - 2U^2 + U^2 = <E^2> - U^2$。统计力学表明 $<E^2> - U^2 = k_B T^2 N c_v$，其中 k_B 是玻尔兹曼常数，T 是温度，c_v 是 N 个原子中每个原子的热容。因此 $<(E-U)^2>/U^2 = k_B T^2 N c_v / U^2$。因为 U 与 N 成正比，则右边与 $1/N$ 成正比。由此可见，$\sqrt{<(E-U)^2>}/U$ 与 $1/\sqrt{N}$ 成正比。因此，相对于其平均内能而言，区域 R 内能的波动幅度随着 R 的增大而减小。在 N 变得非常大的限度内，波动相对于时间平均值 U 变得可以忽略不计。因为热力学并没有考虑波动的存在，所以这被称为"热力学限度"。另外，当 N 非常小时，波动变得非常明显。同样明显的是，在绝对零度，即 $T = 0$ K $= -273.15$ ℃时，没有出现波动。但事实证明，即使在这个温度下，原子仍然在固体中运动，以满足量子力学的不确定性原理。原子在固体中永远不会停止移动，即使在绝对零度时也不会停止。

举一个波动如何建立平衡的例子，设想一个孤立的系统，该系统由与其蒸气平衡的固体组成。气相中的原子落在固相表面，其中一些留下了，另一些发生反弹。同时，固体表面的波动使原子脱离并进入气相。表面处于动态平衡状态，有的原子进入蒸气，有的原子离开蒸气。随着时间的推移，平均而言，从蒸气附着到表面的原子数量与从表面分离并逃逸到蒸气的原子数量一样多。这种动态平衡是通过热波动建立的，热波动使表面的原子能够逃脱临近原子对其的吸引力。如果固体的温度突然升高，表面热波动的幅度和频率都会增加，导致最初离开表面的原子多于加入表面的原子，气压增大。最终，气相中的原子数量增加到一定程度，随着时间的推移，平均而言，加入表面的原子数量与离开表面的原子数量一样多。然后，系统在新的更高的温度下达到平衡状态。

必须向固体表面的原子提供相当多的额外能量才能使其进入气相。额外的能量称为活化能，它由热波动提供。一个原子要离开表面，它的能量必须超过它所在的势阱深度。并非表面上的所有原子位点都具有相同的势阱深度。最浅势阱深度的原子最容易分离，它们通常位于表面上，在那里临近原子的数量最少。

统计力学得到的结果是系统处于激发态的概率与处于基态的概率之比 p。因此，p 是两个概率的比值。在上一章我们了解到，恒定的温度和压力下，系统的基态是由吉布斯自由能的最小值决定的。设 G_0 为最小吉布斯自由能，设 G 为激发态系统的吉布斯自由能。系统处于激发态的概率与处于基态的概率之比为：

$$p = \frac{e^{-G/(\kappa_B T)}}{e^{-G_0/(\kappa_B T)}} = e^{-(G-G_0)/(\kappa_B T)} \tag{3.1}$$

由于 G_0 是最小吉布斯自由能，$p \leq 1$，当 $G = G_0$ 时，$p = 1$。这个方程贯穿

于热活化过程的整个理论。方程（3.1）的详细推导请参阅 C. P. 弗林的书第 7.1 节[①]。对于离开固体表面的原子，方程（3.1）中的 $G - G_0$ 是活化自由能，它是原子逃离表面必须克服的自由能垒的峰值。重要的是，我们要认识到 G 和 G_0 是自由能，而不仅仅是势能，这是因为基态和激发态的熵也起了作用。

3.4　布朗运动

在布朗运动中，悬浮在静态液体中的小粒子在受到液体分子的冲击时会发生小的随机位移。当它非常小时，所受的重力相对于其从液体中接收到的冲量可以忽略不计。粒子所承受的平均力为零，但力的波动足以使粒子在光学显微镜下发生明显移动。该粒子是一种惰性标记，可揭示周围液体中的分子波动。对于较大的粒子，随机分子的抖振与其较大的质量相反。因此，随着粒子尺寸的增大，粒子的移动会减少，直到在重力作用下沉到容器底部或上升到表面，具体取决于其自身和液体的密度。

布朗运动也发生在固体内部，它是原子在固体中扩散的一种机制。像平衡时晶体中的间隙原子，如钢中的碳原子。间隙原子占据晶体结构中原子之间的空间，这些空间称为间隙。间隙原子从一个间隙跳跃到相邻间隙进行扩散。但是为了发生跳跃，主体原子如铁原子，必须将间隙碳原子"踢"向邻近的间隙位置。主体原子也暂时处于移位位置，允许间隙在它们之间挤压。随机局部波动为这些运动在热力学平衡状态下提供所需的局部力和能量。

一旦间隙原子跳跃到相邻位置，在热波动期间提供的能量就会分散到原子振动中，从跳跃位置传播出去。间隙原子要进行第二次跳跃，就需要另一个热波动，并且重复该过程。间隙的扩散是通过晶体间隙位置的随机游走实现的，如图 3.1 所示。这是一个热活化过程。间隙的随机游走是系统动态平衡状态的一个特征，因为它通过平衡波动对可选择的微观状态进行采样。间隙原子和悬浮在液体中的小粒子都被周围的原子推挤，结果沿着随机游走移动。在这两种情况下，它们的迁移机制都是布朗运动。

间隙原子在时间 t 内进行随机游走时的行进距离约为 $\sqrt{Dt}$，其中 D 称为扩散率。扩散率的单位是 $m^2 \cdot s^{-1}$。对于 300 ℃时钢中的碳原子，其扩散率约为 $4.2 \times 10^{-14} m^2 \cdot s^{-1}$，所以在一秒钟内它从起点移动了约 200 nm，但其所走的路径要长得多。在 600 ℃时，其扩散率约为 $1.8 \times 10^{-11} m^2 \cdot s^{-1}$，所以，在一秒钟内它从起点移动了约 4 000 nm，并且所走的路径也要长得多。

---

① C P Flynn, *Point Defects and Diffusion*, Clarendon Press（1972）.

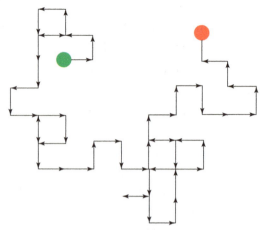

图 3.1 在方型晶格上随机游走。从绿色圆圈开始，到红色圆圈结束。请注意，起点和终点之间的距离远小于它们之间随机游走的路径长度。

3.5 涨落 – 耗散定理

继续以钢中的碳间隙原子为例，假设系统中存在渗碳体粒子，其中碳的化学势小于钢基体中的碳化学势。渗碳体是包含 Fe_3C 成分的单独相。该系统不再处于平衡状态，因为碳原子的化学势存在梯度。这些梯度对碳间隙原子产生作用力。它们被称为驱动力，因为它们驱动材料的变化。驱动力通常非常小，这在实践中意味着碳间隙原子的随机跳跃只有轻微的偏差，有利于向渗碳体粒子的跳跃。系统通过碳间隙原子向渗碳体粒子漂移时执行略微偏向的随机游走来接近平衡。在存在驱动力的情况下，碳原子于两个间隙位点之间跳跃的能量如图 3.2 所示。

通常，当我们考虑作用在粒子上的力时，我们会想到牛顿第二定律 $F = ma$，力会产生加速度。但一旦间隙原子跳跃，它的能量就消散了，必须等待热波动的另一次冲击才能再次移动。另一种思考方式是，间隙原子承受与驱动力 F 相匹配的"曳力"，然后以恒定的平均速度移动。因此，它向渗碳体粒子的漂移不是以加速度为特征，而是以平均速度为特征。对于小的驱动力，间隙原子的平均速度 v 与驱动力 F 成正比，即 $v = MF$，其中 M 为间隙原子的迁移率。M 的单位是 $m \cdot s^{-1} \cdot N^{-1} = s \cdot kg^{-1}$。

1905 年，爱因斯坦首先发现了一个显著的结果，表明间隙原子的扩散率 D 与其迁移率 M 之间存在简单的关系，即 $D = k_B T M$。它被称为"爱因斯坦关系"。这是一个令人惊讶的结果，因为它将系统的平衡特性（即间隙原子的扩散率）与系统在失衡时的反应（即间隙原子的迁移率）相关联。这意味着在

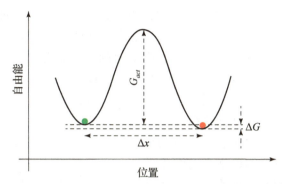

图 3.2　在驱动力作用下，当碳原子从绿色圆圈表示的位置迁移到红色圆圈表示的相邻间隙位点时，系统的自由能变化示意图。$\Delta G<0$ 是红色位置间隙原子的化学势减去绿色位置间隙原子的化学势。$\Delta x > 0$ 是绿色位置和红色位置的距离。间隙原子向右移动的驱动力是 $-\Delta G/\Delta x > 0$。G_{act} 是向右跳跃的活化自由能；它是间隙原子必须克服的自由能能垒。从红色位置到绿色位置跳跃的能垒要增大 ΔG。实际上，ΔG 要比 G_{act} 小得多，比这里描述的要小得多。当 $\Delta G = 0$ 时，红色位置和绿色位置之间的跳跃是等概率的。

存在驱动力的情况下，间隙原子上的拖曳力与平衡波动直接相关，这使它能够在没有驱动力的情况下进行随机游走。

作一个类比可能会对读者的理解有所帮助。假设有一个房间里挤满了精力充沛的舞者，其中一名舞者喝得酩酊大醉。舞者好比晶体中的原子，醉酒者好比间隙原子。当一名舞者撞到他时，醉酒者能够站立和踉跄而不会摔倒，但仅此而已。只有当他被其中一名舞者用力撞到时，醉酒者的位置才会改变。他在舞池里的动作是"随机游走"，就类似于扩散。但过了一会儿，当他稍微清醒一点儿时，他发现房间另一边有几瓶满瓶的酒并试图向它们走去，但他被舞者们撞倒了。舞者们降低了他接触瓶子的能力，即舞者们正在对醉酒者施加阻力。因此，舞者们既要负责让他在没有驱动力（可见的酒瓶子）的情况下的扩散，又要负责在有驱动力的情况下限制他的活动性。

使用爱因斯坦关系和上一节末尾引用的钢中的碳原子扩散率，我们可以计算出钢中的碳原子在 300 ℃ 和 600 ℃ 时的迁移率，分别得到 5.3×10^6 s·kg^{-1} 和 1.5×10^9 s·kg^{-1}。在 1 μm 的距离内，每个原子的化学势差为 10^{-21} J，平均驱动力为 10^{-15} N。我们分别获得 5 nm·s^{-1} 和 1 μm·s^{-1} 的漂移速度。金属中典型的原子间力为纳米牛顿（10^{-9} N）。在这个例子中，碳原子上的驱动力比作用在固态原子之间的典型力小 10^{-6} 倍。驱动力仅在间隙原子的跳跃方向上提供微小的偏差。

爱因斯坦关系是统计力学中被称为涨落 - 耗散定理一般结果的一个例子。另一个例子是由原子的热运动引起的金属电阻。金属中的传导电子被施加电场加速，直到它们被振动的原子散射。在散射过程中，电子将它们的一些动能传递给原子。结果，这些原子振动得更厉害，金属变热。每个传导电子被反复加速，并在各个方向上散射。它沿导线移动的平均速度被称为漂移速度，远小于它在散射时的速度。这是金属中电阻的主要来源之一。它解释了为什么金属的电阻会随着温度的升高而增大，因为那时原子会以更大的幅度振动，并且散射的频率会增加。另外，在没有外加电场的情况下，电路中的热波动会产生随机电子激发，从而产生随机电压。这些随机电压是电子电路中"热噪声"的来源。电阻和电压波动通过涨落-耗散定理相关联。因此，电路中的热噪声量随着其电阻的增大而增加。

吸收入射到材料上的光提供了光学示例。光子通过激发原子振动而失去能量，导致材料升温。因此，光的能量消散为热量。另外，当材料被加热时，电子通过热波动被激发到更高的能态。当被激发的电子从激发态回到低能态时，就会发射光子。因此，热波动导致光子的发射。在正常温度下，发射光的频率低于远红外线的可见范围。但是当材料被加热到高温时，它们会变得"红热"，然后变得"白热"。光子的发射和吸收也与涨落-耗散定理有关。材料吸收光的效率越高，加热时发出的光就越多。

3.6 材料中原子运动的一些其他特征

典型的塑料手提袋由低密度聚乙烯（LDPE）制成。LDPE 是一种热塑性聚合物，这意味着其在加热时会熔化。它是由长链烷烃分子 $[CH_3(CH_2)_nCH_3, n \approx 10^4]$ 组成的一种纠缠的混合物，就像一碗煮熟的意大利面。在液态时，波动使长分子能够通过被称为蠕动的过程进行扩散。蠕动（reptation）这个词来自爬行动物（reptile），之所以使用它，是因为液态 LDPE 中的分子类似于相互纠缠滑动的蛇[①]。当波动提供足够的能量时，熔融 LDPE 中的每个分子都会滑过由其他分子定义的通道。

原子运动的另一个表现是热膨胀。大多数固体在受热时会膨胀。在晶体中，这种行为有三个不相关的原因，其中两个相当微妙，我们将在 4.3 节中讨论。其主要原因是随着原子围绕平衡位置的振动幅度增大，原子的平均间距也略有增大。这是原子间力基本不对称的结果。在这里，我们将定性地讨论双原子分子中键的热膨胀。分子可以通过多种方式吸收能量，包括分子的键拉伸振动、刚性旋转和刚性运动。我们只关心在较高环境温度下，通过增加键的振动来吸收能量的过程。对这项内容的讨论，我们选择经典物理学，

---

① 回想一下《夺宝奇兵》中哈里森·福特扮演的印第安纳·琼斯（Indiana Jones）被放到一个互相纠缠蠕动的蛇坑中的场景。

而不是量子物理学。

当分子中的原子从它们的平衡分离状态中靠得更近时,势能急剧上升,如图 3.3(a)所示。它们相互排斥,并且随着距离减小,排斥力增大,见图 3.3(b)。一部分排斥力本质上是由泡利不相容原理引起的量子力(参见 6.5 节),而另一部分排斥力是由电子云重叠引起的静电力。

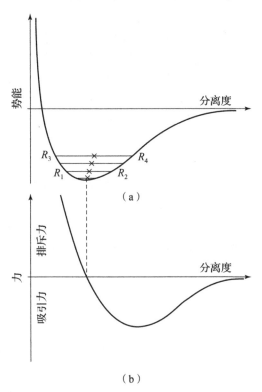

图 3.3 (a) 双原子分子中原子之间相互作用的势能随其分离度的变化。曲线中的最小值对应原子在绝对零度时的平衡分离。R_1 和 R_2 是在相对较低的环境温度下原子的分离范围。R_3 和 R_4 是在较高环境温度下原子的分离范围。十字是分离范围的中点。请注意,在较高的环境温度下,中间点的间距更大:键更长。(b) 显示了作用在原子之间的相应力作为它们分离的函数,这是作用在绝对零度时原子之间的力。虚线表示在(a)中的势能最小值处该力为零。

如果原子的间距略大于其平衡间距,则势能的增加与它们间距略小于平衡间距时几乎相同。但如图 3.3(a)所示,随着原子进一步分离,势能上升得更慢。当原子相距很远时,其相互作用的势能接近于零,因为它们彼此自由。如图 3.3(b)所示,原子最初会随着分离度的增加而受到越来越大的吸引力。但与排斥力不同,排斥力随着原子靠得更近而继续增大,吸引力逐渐达到最大值(负值),然后随着进一步分离而减小(变得更趋向正值),最终在原子自由时达到零。图 3.3（b）示意性地说明了两个原子之间的相互作用力是普遍存在的：近距离原子相互排斥，远距离原子相互吸引。

随着键振动能量的增加，原子之间的分离范围也会增加。在低振动能量下，原子间距可能会在图 3.3（a）中的点 R_1 和 R_2 之间变化。在较高振动能量下，原子间距可能在图 3.3（a）中的点 R_3 和 R_4 之间变化。我们看到，随着振动能量的增加，分离范围的中点略有增大，即平均键长略有增加。

如果势能在最小值的任一侧对称变化，则原子之间分离范围的中点不会随着振动能量的增加而改变，键长将保持不变。即使势能不是抛物线，只要它是关于最小值对称的，这就仍然是正确的。尽管这个论证在固体中更为复杂，因为每个原子与不止一个其他原子相互作用，但我们可以得出相同的结论：热膨胀是原子间力性质不对称的宏观结果。然而，如果固体中的原子是静止的，就不会有热膨胀。

如果我们忽略零点能量，也就是与零点运动相关的能量，原子相互作用的势能相对于体积的最小值决定了固体中原子在绝对零度时的分离度。在限定的温度和恒定的压力下，固体的吉布斯自由能相对于体积的最小值决定了原子的平衡分离。吉布斯自由能包括原子振动的内能和熵，以及原子相互作用的势能。关于固体热膨胀的详细内容，请参阅萨顿和巴鲁菲的书第 3.9 节。

延伸阅读

Balluffi, R W, Allen, S M and Carter, W C, *Kinetics of Materials*, John Wiley (2005).

Cottrell, A H, *An Introduction to metallurgy*, 2nd edition, The Institute of Materials (1995).

Hinshelwood, C N, *The structure of physical chemistry*, Oxford University Press (2005).

Peierls, R E, *The laws of nature*, George Allen & Unwin Ltd. (1955).

Sethna, J P, *Entropy, order parameters and complexity*, Oxford University Press (2006).

Shewmon, P, *Diffusion in solids*, 2nd edition, The Minerals, Metals and Materials Society (1989).

Sutton, A P and Balluffi, R W, *Interfaces in crystalline materials*, Oxford University Press (2006).

Tabor, D, *Gases, liquids and solids*, Penguin Books (1969).

第四章
缺　　陷

位错是一个值得研究的对象。它的存在使金属可以很容易地发生塑性变形，而我们的现代技术正是在这种情况下产生的……位错还允许非金属晶体材料发生塑性变形……因此，位错是地球上发生剧变的主要原因：这些剧变产生了山脉和大陆本身。冰粒内的位错使高山和高纬度陆地能够通过冰川和冰盖的塑性流动减少积雪量。

——经 J. 威特曼和 J. R. 威特曼许可转载，《基本位错理论》，牛津大学出版社，1992。

4.1　概　　念

缺陷是晶体材料变化的原因。

4.2　材料的变化

材料与环境达到热力学平衡的过程可能涉及新相的形成。如果新相涉及局部化学成分的变化，则原子必须通过扩散在材料内传输。腐蚀与材料和环境之间的化学反应有关。例如，导致金属表面氧化层生长的氧化发生在氧化物表面、金属表面或两者兼有。如果它发生在氧化物的表面，金属阳离子进入并通过氧化层扩散到它们与氧阴离子结合的表面。如果它发生在金属和氧化层之间的界面处，氧阴离子进入并通过氧化层扩散到与金属阳离子结合的金属中。其中发生哪种情况取决于多种因素，包括温度和气相中氧气的分压。在本章中，我们将看到，扩散是通过晶体材料中点缺陷的迁移而发生的。

材料的一些变化是人为的。工业制造将原材料转化为产品。金属经过压制、锻造、挤压、拉制、铣削、型锻、钻孔等，制造出我们日常生活中使用的物品。这些过程都涉及塑性变形，即线性缺陷的产生和移动。陶瓷产品的延展性不足，与金属产品的成型制造工艺不同。它们通常是通过高温或者高压将粉末烧结成预成型形状来制造的。烧结涉及扩散，还可能涉及相变、玻璃化转变和塑性变形。它通过点缺陷和位错的产生与移动而发生。

同时也存在平面缺陷。大多数晶体材料不是单晶，而是许多晶体的聚集体，被称为多晶体。每个晶体或"晶粒"的区别在于其晶轴的方向。晶界是不同取向的晶粒相遇的界面。它们在多晶材料的力学、电学和输运性质方面起着重要作用。材料中的一些相变是通过界面的快速、无扩散运动而发生的，这种运动将一种晶体结构转变为另一种晶体结构。接口就是这样转换的代理。

可以稍微夸张地说，晶体材料科学是研究缺陷以及缺陷行为如何控制这些材料特性和过程的一门学科。甚至一些非晶态、玻璃态材料过程，如塑性变形和玻璃化转变，都可以用局部应力超过临界值的缺陷动力学来描述。

"缺陷"一词有贬义。但是如果没有缺陷，许多晶体材料的一些有用特性就不会存在。裂纹很少是有益的，但将所有的缺陷等同看待就否认了缺陷对改变我们生活所依赖的材料所起的重要作用。也许更中性的术语"动因（agent）"更好，因为它将缺陷与过程联系起来。例如，位错是塑性的动因，点缺陷是扩散的动因，裂纹是断裂的动因等。然而，每种类型的缺陷都不止是一个过程的动因，这仅仅突出了它们在晶体材料各种特性和过程中的核心作用。

4.3 点缺陷

想象一下在室温下完美的纯铜单晶。假设晶格的每个格位都被一个铜原子占据。热波动导致晶体表层中的一个原子跳出该层占据表面上的一个位置，在表层留下一个空的原子位置。表面上的原子称为吸附原子。吸附原子可以在晶体表面进行随机移动，晶体表面有大量的空位可供它占据。它在表面上的随机移动是"表面扩散"的一个例子。

吸附原子可以在晶体表面随机移动，因为表面层的所有位置都可以接收吸附原子。晶体内部深处的原子无法移动，因为它们所有相邻位置都被其他原子占据。然而，相邻的原子可以移动到吸附原子留下的空表面位置。如果相邻原子位于表面层下方，那么空位就开始扩散到晶体内部。空的原子位置称为空位，它就是点缺陷。只有当空位首先占据相邻位置时，晶体深处的原子才能移动到相邻位置。当原子跳跃时，空位会进行相反的跳跃。扩散到晶体内部的原子净通量受到向相反方向漂移的空位的影响。

其他空位可以通过表面原子跳出表面层并成为吸附原子而进入晶体。因此，晶体中形成了一个空位群。如果足够多的表面原子变成吸附原子，随着空位扩散到晶体中，表面就会产生全新的原子层。这样，被原子占据或空置的晶格位置的数量增加。在给定的温度和压力下，就会存在一个平衡空位浓度，这是由晶体吉布斯自由能的最小值确定的。在常压下，铜的吉布斯自由能和亥姆霍兹自由能几乎相同。我们可以将空位的产生视为从晶体内部的原子位置移除原子并将其添加到表面。设与此过程相关的内能变化为 U_f。设与此过程相关的原子振动熵的变化为 S_f。因此，与产生单个空位相关的自由能为 $g_f = U_f - TS_f$。系统的自由能包括与 $N+n$ 个位点上的 n 个空位相关的构型熵 S_c，其中 N 是晶体中的原子数。构型熵是整个系统的属性，而不是任何单个空位的属性。因此，系统的自由能为 $G = ng_f - TS_c$。在限定的温度下，当被空位占据的比例 $n/(N+n)$ 等于 $e^{-(g_f/k_BT)}$ 时，空位占据的位点数最小。尽管在金属中每个空位产生空位的自由能消耗 g_f 为 1 eV（≈ 100 kJ·mol^{-1}），但系统的构型熵确保了热力学平衡中存在少量有限的空位浓度。此时，近似值是 $n/(N+n) \approx n/N$。一般来说，平衡是动态的，空位通过产生吸附原子从表面进入晶体，其速率与其他空位被表面吸附原子占据的速率相同。真正的晶体表面在原子级很少是平整的。空位的产生和占据最容易发生在表面原子台阶处。它们也在刃型位错处发生和湮灭，这些将在下一节详述。

空位的扩散机制涉及空位的形成和迁移。因此，空位扩散机制的活化自由能是空位形成和迁移的自由能之和。自扩散的活化自由能可以通过测量一定温度下沉积在晶体表面上的元素放射性同位素对单晶的渗透来确定。

在铜单晶内部还存在其他可能的扩散机制。一个原子可以离开它通常所在的晶格位置而占据一个间隙位置。原子随后变成"自间隙原子（self-interstitials）"。扩散将通过自间隙原子跳跃到相邻间隙位置发生。与空位机制通过产生空位数量来增加原子可占据晶格位数的方式不同，间隙机制通过自间隙数量的减少而增加原子可占据晶格位数。与空位相比，除了可能在接近熔点的温度下，自间隙原子在平衡时的浓度极小，因为它们形成的内能通常比空位高得多。然而，通过高能粒子辐射可以产生大量的间隙。在入射的高能粒子作用下，原有晶格位置的原子被击落而占据间隙位置，从而留下尽可能多的空位。总的来说，发现这些自间隙原子的迁移活化能明显小于空位的活化能。自间隙原子的扩散相对较快，并且大多数（但不是全部）能在几纳秒内找到空位并重新组合。

另一种可能的自扩散机制是图 1.1（d）所示的直接交换。然而，在单组分晶体中，这不会引起任何扩散，因为交换位置的原子是无法区分的，除非涉及相同元素的不同同位素。两个原子交换位置所需的变形能将内能提高到极高值。如果环状结构的一小部分原子以相同的方向围绕环共同移动，则畸变较小。但这同样不会导致任何扩散，除非可以区分环状结构的原子。在单质金属中，扩散的空位机制被认为是主要机制①。

西蒙斯和巴鲁菲在 20 世纪 60 年代对铝、铜、银和金单晶中的点缺陷进行了一系列实验。这些实验将空位确定为这些金属中热力学平衡的主要点缺陷，并测量了它们的内能（U_f）和形成的振动熵（S_f）。这些是材料科学史上最巧妙、最权威的实验之一。将单晶样品在一定温度范围内加热到刚好低于熔点的温度。每个温度下，晶体体积的变化将引起以下三个参数的改变。首先是热膨胀。其次，在每个温度下产生的点缺陷都有一个弹性应变场，它改变了整个晶体中相邻原子的平均间距。最后，可能被原子占据或未占据的晶格总数发生了变化。在每个温度下，用 X 射线衍射测量晶格参数 $\Delta a/a$ 的分数变化，用测微显微镜测量样品长度的分数变化 $\Delta L/L$。晶格参数分数的三倍变化与给定温度下体积分数变化的前 2 个参数有关。在相同的温度下，样品长度的三倍变化与晶体体积变化的 3 个参数有关。因此，$3(\Delta L/L - \Delta a/a)$ 测量了晶体中每个温度下原子可以占据的晶格位置数量的变化。如果空位占主导地位，则 $3(\Delta L/L - \Delta a/a)$ 为正数。如果自间隙占主导地位，则 $3(\Delta L/L - \Delta a/a)$ 为负数。在所有四种金属中，空位占主导地位，如图 4.1 所示的铝。通过测量 $3(\Delta L/L - \Delta a/a)$ 的温度依赖性，他们能够推断出所有四种金属中空位形成的内能和振动熵。结果见表 4.1。

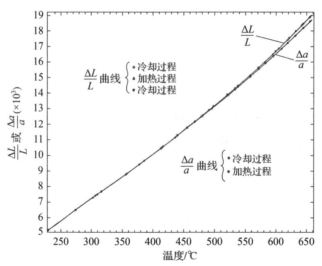

图 4.1　铝单晶的 $\Delta L/L$ 和 $\Delta a/a$ 随温度的变化曲线。引自 Simmons，R O and Balluffi R W，Phys. Rev. 117, 52（1960）。版权（1960）归属美国物理学会。

---

① 需要强调的是，扩散机制并不影响 1.5.3 节的讨论，因为构型熵与如何实现不同构型无关。

金属	U_f/eV	S_f/k_B
铝[a]	0.75 ± 0.07	2.4
铜[b]	1.17 ± 0.11	1.5 ± 0.5
银[c]	1.09 ± 0.10	1.5 ± 0.5
金[d]	0.94 ± 0.09	1.0

表 4.1 形成能 U_f，单位 eV，形成振动熵 S_f，以四种金属单晶空位的玻尔兹曼常数 k_B 为单位，由西蒙斯和巴鲁菲测得。

[a] Simmons, R O and Balluffi, R W, Phys. Rev. 117, 52 (1960).
[b] Simmons, R O and Balluffi, R W, Phys. Rev. 129, 1533 (1963).
[c] Simmons, R O and Balluffi, R W, Phys. Rev. 119, 600 (1960).
[d] Simmons, R O and Balluffi, R W, Phys. Rev. 125, 862 (1962).

通过比较空位的形成能和扩散的活化能，我们发现这些金属中空位的迁移能与他们的形成能相当。

在单质绝缘体中，如纯硅，扩散情况基本保持相同，但值得注意的是，空位现在可能带电。每个电荷状态都有一个平衡的空位群，这不仅取决于温度，还取决于带隙中费米能的位置①。带电点缺陷的迁移可能需要电子或"空穴"的补偿电流以保持电荷中性。

到目前为止，我们只考虑了单组分系统中的点缺陷和扩散。如果在低浓度下存在第二种成分，其通常被描述为杂质。每个杂质原子也可以看作一个点缺陷。为了克服构型问题，必须做大量的热力学功从晶体中去除杂质。硅基技术的关键在于将杂质含量控制在十亿分之几的水平。杂质的扩散机制取决于它是占据了原本会被基质原子占据的位置，还是占据了基质晶体的间隙位置。前者被称为替位性杂质，后者被称为间隙性杂质。与基质原子相比，间隙性杂质往往是小原子，它们通过在相邻的间隙位点之间跳跃来实现扩散。替代性杂质通常与基质原子的尺寸相当甚至更大，并且它们经常通过与基质原子相同的空位机制扩散。在某些情况下，空位被替代性杂质原子捕获，特别是被大的不匹配杂质原子捕获，形成"复合物"。它们的迁移机制要复杂得多。

离子晶体中的点缺陷更加复杂，原子由于被电离而带电。如果扩散中存

---

① 如第六章所述，费米能由最高占据电子态的能量决定。在硅中特意引入少量的 V 族元素（如磷）和Ⅲ族元素（如硼），分别使费米能位于带隙顶部附近或带隙底部附近。这分别被称为 n 型和 p 型掺杂。费米能在带隙中的位置决定了带隙中与点缺陷相关的电子态是被占据还是未被占据，从而决定了缺陷是否带电。

在离子电荷的净流动，那么只有当电子或空穴①以补偿运动来持续保持整体电荷中性时，离子电荷才能持续流动。质量传输与电子和空穴的传输有关。食盐氯化钠（NaCl）由排列在立方晶格上的 Na^+ 离子和 Cl^- 离子组成。当 Na^+ 从晶体内部移动到表面的位点时，以绝对电子电荷为单位，留下的 Na^+ 空位的形式电荷为 -1，由周围六个 Cl^- 共享。为了保持局部电荷中性，可以将 Cl^- 移动到表面附近，使 Cl^- 位点上产生空位，它的形式电荷为 $+1$。因此，Na^+ 和 Cl^- 空位在静电作用下相互吸引，分离一对 Na^+ 和 Cl^- 需要大约 1.30 eV。这对缺陷保留了晶体的化学成分，它被称为肖特基缺陷。另一种保留化学成分的缺陷称为弗伦克尔缺陷，即一个离子离开其在晶格中的通常位置，占据一个间隙位置形成的缺陷。例如，氯化银（AgCl）中的 Ag^+，它可以占据一个间隙位点。在氟化钙（CaF_2）中，F^- 形成弗伦克尔缺陷并占据间隙位点。间隙离子和它留下的空位带相反电荷，它们相互静电吸引。

4.4 位　　错

固体变形有两种主要方式：弹性变形和塑性变形。弹性变形是可逆的。塑性变形具有不可逆性和永久性。一个回形针就能说明这两种情况。一根直的金属线经过塑性变形变成回形针的形状。当纸张插入回形针时，它们会通过小的弹性变形固定在适当的位置，它产生的力通过摩擦将纸张固定。取出纸张后，回形针会恢复到插入纸张之前的形状，可以再次使用。

晶体材料将要开始发生塑性变形或断裂时，会先发生弹性变形。20 世纪 30 年代，从弹性变形到塑性变形转变的认识促成了冶金科学的诞生，而冶金科学在 20 世纪六七十年代扩展成为材料科学。

在晶体材料的塑性变形过程中，晶体的体积几乎保持不变。它是通过剪切过程发生的，其中一个原子平面在相邻的原子平面上滑动，就像一叠卡片的剪切一样。这种滑动称为滑移，两个发生滑动的原子平面中间的几何平面被称为滑移面。

将整个原子平面整体剪切到相邻平面上所需的应力（即每单位面积上的力）比在塑性变形实验中观察到的要高几个数量级，这种应力被称为材料的理论剪切强度。相反，如图 4.2 所示，滑移开始于平面的一小块，并且这一小块不断增大，直到最终整个平面都发生滑移。将已滑动的面与未滑动平面的其余部分分开的线就是位错。它形成了一个围绕滑动面的闭合环。位错线

---

① 在这种情况下，"空穴"是一个缺失的电子。它表现为电子电荷密度中的空位，电荷为 $+e$，其中 e 是电子上的电荷量。另见 7.3 节。

向自身法线方向移动，使环线扩展。随着它的扩展，滑移平面上键的断裂和重组被定位在位错上。如果平面整体滑移，它需要的能量比同时破坏和重组滑移面上所有键所需的能量要少得多。

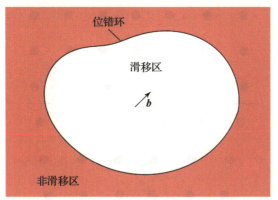

图4.2 位错环位于滑移面内，分隔了滑移区和非滑移区。位错是分隔滑移面的滑移和非滑移区域的线。它形成一个闭环。在闭环内部，滑移面下方的材料已通过伯格斯矢量 b 对其上方的材料进行了平移。

滑移面两侧原子平面的相对位移具有恒定的大小和方向，称为伯格斯矢量。如果伯格斯矢量连接一对晶格位点，则滑移和未滑移区域中的晶体结构是相同的。在这种情况下，塑性变形不会改变晶体结构。因为相对位移在环内的滑移区域中是恒定的，它不随位错线的方向而变化。当位错线的方向垂直于伯格斯矢量时，位错具有"刃型"特征。纯刃型位错是一种长直位错，其中位错线处处垂直于伯格斯矢量。刃型位错的结构如图4.3所示。

当位错线平行于伯格斯矢量时，该位错具有"螺型"特征。纯螺型位错是一种长直位错，位错线处处平行于伯格斯矢量。其命名原因就是垂直于位错线的晶格面变成了螺旋面，就像螺丝钉的螺纹一样，如图4.4所示。当位错线与伯格斯矢量成其他角度时，它具有"混合"特征，并且其原子结构更难以可视化。

假设我们在晶体中看到一些缺陷。我们怎么知道它是位错还是其他缺陷呢？如果是位错，我们该如何确定它的伯格斯矢量？这两个问题都可以通过伯格斯回路来回答。示例如图5.5所示。

黄金是一种柔软的延展性金属，很容易发生塑性变形，因此在室温下就能加工制成珠宝。金刚石是一种非常坚固的碳，在室温下不会发生塑性变形。要制作珠宝，它只能被切割。然而它们都是晶体，并且晶格相同。位错可以存在于两种材料中，也可以存在于具有相同伯格斯矢量的同一滑移面上。为什么它们的机械性能能有如此不同？

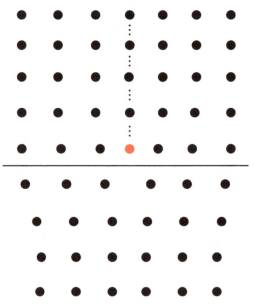

图4.3 沿位错线观察的刃型位错示意图。每个点代表一列垂直的原子。水平线是滑移面的轨迹。在滑移面上方有一个额外的半平面，用虚线表示。刃型位错位于这个额外的半平面的末端，如红色原子所示。

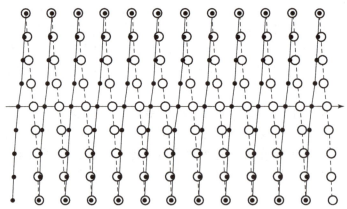

图4.4 螺型位错示意图。位错线由水平箭头表示。实心圆圈和实线位于纸面下方。空心圆圈和虚线位于纸面上方。原子平面通过位错转化为连续螺旋。该图改编自赫尔和培根（2011）。

金刚石中的碳原子通过沿四面体方向的强共价键相互键合。整体移动位错线所需的能量太大，因为它涉及沿位错线断裂和形成键。相反，它通过位错上扭结的成核和传播来移动，如图4.5所示。键的断裂和形成现在被限制在扭结中，扭结是位错线上的缺陷，因此它们是点缺陷。

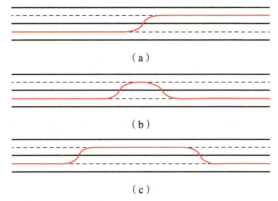

图 4.5 扭结示意图。滑移面是纸的平面。位错线以红色表示。当位错线沿着黑色实线时,它的能量最大。当它沿着虚线时,它的能量最小。如果(a)中的单个扭结向左(右)移动,则位错线向上(向下)移动。为了使一条直线位错线从一个最小值移动到下一个最小值,它必须像(b)中那样凸出,形成一个"双扭结"。随着(c)中的双扭结(凸起)扩展,更多的位错移动到下一个最小值。

位错将滑移定位为一条线,而扭结将其进一步定位为点。由于扭结是点缺陷,在给定温度下,它们在直位错上存在平衡浓度。当位错线像环一样改变方向时,也会出现扭结。扭结的形成和迁移需要热活化。在金刚石中,活化能很高,以至于只有激活它使其一直处于非常高的温度下才能观察到塑性变形的速率。在室温下,位错在金刚石中几乎是不动的,它会发生断裂而不是塑性变形。

黄金则不同,它的键合方向性要小得多,而且弱得多。例如,金刚石的剪切弹性模量约为 500 GPa,而黄金仅为 27 GPa。因此,在黄金中移动位错比在金刚石中容易得多。黄金和金刚石之间的这种比较表明,电子结构和成键对于理解位错在不同材料中的迁移率至关重要,即使在晶格相同的材料中也是如此。

在线方向发生改变时,同一晶体中具有相同伯格斯矢量的位错线可能具有不同的迁移率。例如,这种情况常发生在具有体心立方晶体结构的金属中,其中螺型位错的移动性要比刃型位错小得多。这是这些金属中刃型位错和螺型位错的原子结构不同造成的,这也表明原子尺度在理解同一晶体中位错的迁移率方面有着重要作用。

位错是晶体材料中塑性变形的动因。没有位错,所有晶体材料只有在施加的剪切应力超过理论剪切强度时才会发生塑性变形。但是在达到该应力之前,材料很可能会断裂。很难想象,如果金属在室温下都像钻石一样脆,我们的世界会发生多大的改变。

位错的概念也出现在地球科学中，如用于描述地震和冰川的运动。位错的研究是材料科学家和地球科学家都感兴趣的研究方向之一。

4.5 晶　　界

晶体材料很少以单晶形式存在。如4.2节中提到的，它们更常见的是以多晶状态存在，多晶状态由许多称为晶粒的晶体组成，由称为晶界的界面隔开。当跨越晶界时，晶轴的取向发生变化。晶粒的尺寸从纳米晶体材料中的纳米到厘米不等。图4.6为钢柱上镀锌层的晶粒。

图4.6　钢质门柱上锌涂层肉眼可见的晶粒，平均晶粒尺寸约为2 cm。

晶界影响晶体材料的很多性质和过程。它们是位错运动的障碍，因为滑移面和伯格斯矢量的方向在相邻晶粒中发生了变化。位错堆积在晶界上并形成应力集中，这可能在下一个晶粒或晶界中使裂纹成核或激活位错源。

当材料发生弹性变形时，多晶内部的弹性应力分布是不均匀的。相邻晶粒相容变形的要求是在晶界处不产生孔洞或材料重叠，产生额外的应力称为相容应力。在弹性各向异性材料中，相容应力在量级和空间范围上会很大。

如果多晶材料在低温下发生塑性变形，所做功的一部分就会成为变形过程中产生缺陷的能量，储存在材料中。这些缺陷阻碍了位错的运动，使材料变硬。如果材料随后退火，新的晶粒就会在材料中成核并生长。新晶粒周围的边界经过变形材料时，它们会吸收塑性变形过程中产生的缺陷，并在它们经过的地方留下相对无缺陷的材料。这个过程被称为再结晶，其降低了由塑性变形引起的位错和其他缺陷相关的能量密度。它还能软化材料。晶界是材料发生塑性变形后发生再结晶这一恢复性过程的动因。通过快速冷却样品可以抑制新晶粒的生长，从而细化晶粒尺寸。一旦再结晶完成，可能发生晶粒的进一步生长，从而降低与晶界本身相关的能量密度，这将进一步软化材料。

晶界有时会成为原子快速传输的通道，如在氧化膜的生长过程中，表面沿着晶界传输的离子可能比通过晶界传输的更多。

晶界通过充当新相成核势垒降低的位点来促进固态的相变，这被称为异质成核。

晶界影响多晶材料性质和过程的方式还有很多，包括杂质偏析和脆化、辐照材料中点缺陷和点缺陷簇的沉降、柯勃尔蠕变、作为塑性变形机制的晶界滑动、多晶光伏器件中电子和空穴的复合位点等。

延伸阅读

Cottrell, A H, *An Introduction to metallurgy*, 2nd edition, The Institute of Materials (1995).

Hull, D and Bacon, D J, *Introduction to dislocations*, 5th edition, Butterworth-Heinemann (2011).

Sutton, A P, *Physics of elasticity and crystal defects*, Oxford University Press (2020).

Sutton, A P and Balluffi, R W, *Interfaces in crystalline materials*, Oxford University Press (2006).

Weertman, J and Weertman, J R, *Elementary dislocation theory*, Oxford University Press (1992).

第五章
对　　称

说物理学是研究对称性只是稍微夸大了一点儿。
——摘自 P. W. 安德森，《多即不同》，《科学》177，393（1972）。经 AAAS 许可转载。

5.1　概　　念

对称性涉及不变性。它可以指物体对某些操作（如旋转和平移）的不变性，也可以指控制物体运动的方程对方程中变量运算的不变性。对称性表征晶体的物理性质。拓扑缺陷，如位错和向错，是以晶体的平移和旋转对称性为特征的。

5.2　简　　介

如果一个物体经过某种操作后，外观还和之前一样，那么它就是对称的。我们说这个物体相对于操作是不变的。如图 5.1 所示，一个等边三角形围绕通过其中心的垂直轴旋转 120° 是不变的。在三角形平面内，它有三条 180° 旋转对称的轴。这些是旋转对称的例子，它们表征了三角形中心点的环境。无限晶格具有平移对称性。整个晶格经过任意连接两个晶格位点的矢量平移，晶格保持不变。列举晶体的各种旋转和平移对称性是晶体学的范畴，它在材料科学中有着重要作用。晶体的对称性是离散的，因为旋转对称性的角度可能只是某些特定值，而平移对称性只是晶格矢量。无限大的晶体表现出的旋转对称性是有限的，但离散的平移对称性是无限的。

这可能十分令人惊讶，但是当其原子结构随时间平均时，无限范围的气体或液体也具有对称性。它的时间平均结构对于任意平移和旋转都是不变的。它与真空具有相同的对称性，具有无穷多的旋转对称和平移对称，并且是连

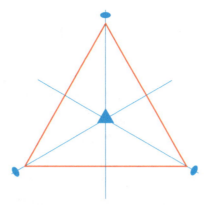

图 5.1 等边三角形（红色）在蓝色小三角形处有一个垂直于纸面的三重旋转轴，以及三个由蓝线和实心椭圆表示的二重旋转轴。

续的。当气体或液体变成晶体时，对称操作数量会减少①。这是"破坏对称性"的一个例子。然而，存在于气体或液体中的连续对称操作在晶体中虽然缺失，但仍有其存在的重要意义。整个晶体可以任意平移和旋转，并且保持所有物理性质不变。这些任意的平移和旋转是对不存在液体或气体的晶体的对称操作。换句话说，存在无穷多个由气体或液体形成的等效晶体，与不存在气体或液体的晶体的对称相关，并且它们在空间中的相对位置和取向不同。这就是许多由晶体或晶界分隔的"晶粒"组成的多晶可以存在的原因。每个晶界的特征是由晶界两侧的晶粒以及在晶界处相邻的晶面取向发生变化产生的。多晶的存在是对称性补偿原理的一个例子：如果对称性在一个结构水平上降低，它就会出现并保持在另一个结构水平上②。

对称性补偿原理的另一个例子是在 120 ℃ 左右时钛酸钡的相变。在 120 ℃ 以上，晶体结构是立方的，在没有外加电场的情况下，它不会被电极化。低于 120 ℃ 时，它的结构是四方的，晶体沿独特的四重旋转轴发生自发电极化。独特的四方晶体旋转轴平行于立方晶体的四重旋转轴之一，四方晶体的旋转轴有三个。四方晶体有两种变体，可以将仅在立方晶体内存在的两个四重旋转轴应用于四方晶体中。每个变体都沿其四重旋转轴有电极化。为了降低晶体的静电能和弹性能，所有三种变体在 120 ℃ 以下共存。每个变体占据一个域。当对 120 ℃ 以下的晶体施加电场时，与电场取向一致的域会生长，而其他的域不会。虽然四方晶体的对称性比立方晶体的差，但四方晶体三种变体的存在是立方晶体对称性的结果。换句话说，四方晶体三种变体的存在补偿了晶体从立方晶体到四方晶体所降低的对称性。

---

① 因为原子在振动，晶体的对称性需要随时间平均才能看到。
② A V Shubnikov and V A Koptsik, *Symmetry in science and art*, Plenum Press (1977), p. 348.

5.3 守恒定律

如果系统的某一物理性质在时间上不随系统的变化而变化，那么系统的物理属性是守恒的。能量守恒、线动量守恒和角动量守恒是物理学中守恒定律的例子。令人惊讶的是，它们是物理学定律所阐述的连续对称性的结果。这源于1915年德国数学家艾美·诺特提出的一个定理。她是这样说的：

物理定律的每一个连续对称性，都有一个守恒定律。

她也证明了相反的情况：每一个守恒定律，都有一个连续的对称性。

诺特定理是物理学中最重要的定理之一，对物理学许多领域的发展产生了巨大的影响，因此有了本章开头引用的 P. W. 安德森的这句话。诺特定理的数学表达超出了本书的范围，我将介绍两个由连续对称性产生守恒定律的例子。

有这样一个例子：在真空中有一簇相互作用的粒子，并且没有力作用在它上面。假设粒子之间通过某个描述其势能的函数相互作用，势能只和它们的相对位置有关。如果团簇中每个粒子的位置在空间中平移相同的量，那么它们的势能保持不变。因此，描述它们势能的函数相对于团簇的刚性平移是不变的。描述粒子总动能的函数只取决于它们的质量和速度。所以，在对整个团簇进行严格转换之前和之后，该函数也不发生改变。总势能和动能随着时间相互转换。诺特定理与动能和势能的大小无关，而与决定它们的函数所表现出的对称性有关。当团簇发生任意刚性平移时，这些函数是不变的。因此，它们在平移时表现出连续对称性。诺特定理中这种连续对称性的存在保证了团簇总动量的守恒。

描述总势能和总动能的函数也不随时间的变化而变化。诺特定理中这种连续对称性的存在保证了团簇势能和动能之和的守恒，即其总能量守恒。

我们之前已经提到过，晶格的平移对称性是离散的，而不是连续的。这就提出了一个问题，电子在完美晶体（即没有缺陷）中是否和在真空中一样移动，动量是守恒的。对于在真空中运动的电子，其动量由德布罗意关系 $p = hk$ 给出，其中 $k = 1/\lambda$，λ 是电子的德布罗意波长，h 是普朗克常数。这个动量是电子的真实动量，由于空间的连续平移对称性，它是守恒的。对于在一维晶格中运动的电子，其晶格间距为 a，$p = hk = h/\lambda$ 是守恒的，但是：（1）p 不再是电子的真实动量，（2）k 可以替换为 $k + n/a$，其中 n 是整数。这两个"但是"是晶体的离散平移对称性的结果，诺特定理对此不适用。对于晶体中的电子，动量 hk 被称为晶体动量，用来区别于电子的真实动量。在量子力学的语言中，k 是晶体中电子的一个量子数。这意味着 k 提供了一种区分和标记完美晶体中电子状态的方法，就像用 s、p、d、f 等标记氢原子中具有不同角动量的状态一样。

5.4 晶体的物理性质

晶体的物理性质包括电导率和热导率、介电和磁化率、扩散率、折射率、杨氏模量、弹性刚度和柔度、压电和热电系数等。一般来说，这些性质取决于晶体内测量它们的方向。

例如，熟悉的杨氏模量。长度为 L 且横截面积为 A 的单晶棒受到拉力 F 的作用。晶棒的轴沿着晶体中的某个方向。施加的力会使晶棒的长度增加 ΔL。杨氏模量 Y 将施加的拉伸应力 F/A 与拉伸应变 $\Delta L/L$ 联系起来，如下所示：$F/A = Y\Delta L/L$。杨氏模量是晶体的一种特性，它沿晶格中晶棒的轴线方向发生变化。图 5.2 说明了杨氏模量如何随铜单晶中晶格方向的变化而变化。

在图 5.2 中，铜晶体中杨氏模量随方向的变化具有晶体结构的对称性，也是立方结构的。这是诺埃曼原则的一个例子：

晶体任何物理性质的对称要素都必须包括晶体所含的全部对称要素。

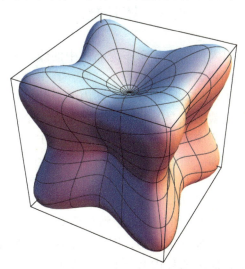

图 5.2　铜单晶中杨氏模量的极坐标图。边界框沿着立方晶格的轴。杨氏模量与从立方体中心到彩色表面上一点的半径长度成正比。平行于立方体边缘时，杨氏模量达到最小值（67 GPa），而平行于主体对角线时，杨氏模量达到最大值（191 GPa）。杨氏模量图具有立方对称性。

换言之，当沿着晶体的两个对称方向测量性质时，测量结果一定是相同的。虽然这个原理没有告诉我们测量性质的值，但它告诉我们在不同晶体结构中需要多少个独立常数来完全表征不同的物理性质。

在晶体中没有任何旋转对称操作的情况下，需要 21 个独立常数来充分表征其弹性性质。三斜晶体①就是这种情况，例如矿物钠长石（$NaAlSi_3O_8$）。三斜晶体内任意方向的杨氏模量是所有 21 个独立弹性常数的函数。因为晶体没有旋转对称性，诺埃曼原则无法减少这个数字。但在正交晶体②中，三个相互垂直的旋转轴为 180°，独立弹性常数的数量将由 12 减少到 9。正交晶体的例子有橄榄石和渗碳体（Fe_3C）。前者是地球上地幔的主要成分，后者是许多钢中的常见相。在立方晶体中，只有三个独立的弹性常数。在橡胶或玻璃等各向同性材料中，弹性性质在所有方向上都是相同的，只需要两个独立的常数就可以完全表征它的弹性性质。例如，我们可以选择杨氏模量和泊松比。泊松比是晶棒的横向应变与拉伸应变的比值。这足以确定各向同性材料如何弹性响应包括剪切在内的各种载荷。各向同性材料的物理性质具有球体的对称性。

诺埃曼原则包含"包括"一词，因为物理性质的对称性可能大于晶体的对称性。例如，立方晶体结构的电导率和热导率以及扩散率具有球体的对称性，而球体的对称性又包括立方体的对称性。

5.5　拓扑缺陷

我们在 4.4 节中引入位错的概念作为晶体中的线缺陷，用伯格斯矢量和线方向来表征。位错环包含滑移面的一个区域，其中滑移面两侧的原子平面通过伯格斯矢量进行相对位移。如果要使环内的晶体结构与环外的晶体结构保持相同，伯格斯矢量就必须是晶格的平移矢量。完全位错的伯格斯矢量是晶格的平移矢量。在不完全位错的环内，晶体结构中有一个平面断层，当环扩张时，晶体的内能增加。晶格的平移对称限制了完全位错的伯格斯矢量。

位错是拓扑缺陷的例子。与点缺陷相反，它们不能通过简单地移动原子来消除，因为其与介质中的切口有关。在图 4.2 中，位错环内的介质发生了滑移。就在环内滑移面下方，介质相对于滑移面上方发生了伯格斯矢量位移。滑移面本身的位移并不是唯一定义的，因为它取决于我们是从下方还是上方接近它。为此，在滑移面上的环内必须有一个切口。位错环的创建可以如下展开。首先，通过关闭穿过环内滑移面的原子键来进行切割。切口两侧伯格斯矢量的相对位移被引入。键被重新打开。正是切口的存在和切口两侧位移的跳跃改变了介质的拓扑结构，使位错成为拓扑缺陷。对于孤立的刃型位错，

---

① 三斜晶体重复晶胞的三个侧面都有不同的长度，面之间的夹角不是 90°。

② 正交晶体的重复晶胞具有类似于火柴盒的形状：面之间的角度为 90°，三个边的长度不同。180°旋转轴垂直于每个面，并通过每个面中心。

如图 4.3 所示，切口从位错延伸到晶体边缘。

同时还存在与晶体旋转对称性有关的拓扑线缺陷。它们被称为旋错。因为其能量很大，所以在三维（3D）晶体中很少见。在石墨烯等二维（2D）晶体中，它们更为常见。石墨烯是由呈六边形排列的碳原子组成的石墨片。图 5.3a 是完美的石墨烯六边形图案。在石墨烯中，每个顶点都有一个碳原子。每个六边形中心都有一条垂直于纸面的六重旋转对称轴。如果我们移除图 5.3a 中绿色阴影部分的 60°原子楔，将剩余晶体的两侧 OA 和 OB 拉在一起并重新成键，使所有原子重新形成三个键，我们将构建出图 5.3b 所示的配置，其中图 5.3a 中的红色六边形变成了红色五边形。这是一个 60°楔形旋错。它必须具有与晶格的六重旋转对称性一致的角度，否则两条边 OA 和 OB 将不相称，并且会沿着它们产生更多缺陷。

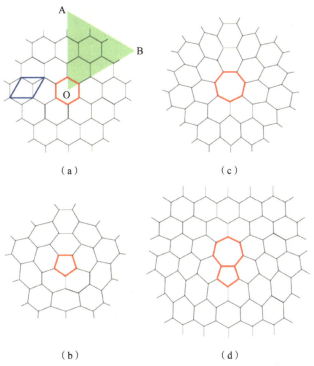

图 5.3 （a）一个完美的二维六方晶体。每个六边形的顶点都有一个原子，每个原子都与其他三个原子键合。蓝色菱形是六边形晶格的重复单元。它包含两个原子位点。在（b）中，绿色阴影部分的 60°楔形被切掉并移除，剩余晶体的两个边缘 OA 和 OB 被拉在一起并重新粘合形成楔形向错，中心的五边形以红色显示。在（c）中，通过去除（a）中的绿色阴影部分的 60°楔形，将 120°的原子楔压入产生的空间中，产生了相反的旋错。（a）中的红色六边形变成了（c）中的七边形。在（d）中，通过引入彼此相邻的相反楔形向错来产生刃型位错。

或者，在移除图 5.3（a）中的 60°原子楔之后，我们可以让楔的两侧进一步分开，然后插入 120°原子楔并重新键合。每个碳原子重新形成三个键。在这种情况下，相当于在本来的片材中又插入了一个额外的 60°原子楔，我们构建出了图 5.3（c）所示的构型，其中图 5.3（a）的红色六边形变成了红色七边形。这是与图 5.3（b）所示相反的 60°楔形旋错。对于这两种旋错，由向错引起的原子位移与其中心的距离成正比。这就是为什么他们有如此高的能量。

如图 5.3（d）所示，通过将两个相反的楔形旋错彼此相邻放置，它们长程位移场的增长被抵消，产生了一个刃型位错。刃型位错的终止半平面由图 5.4 中的粗线标识。

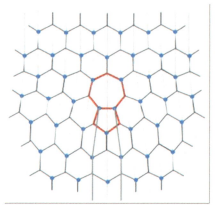

图 5.4　图 5.3（d）中描绘的刃型位错，显示了扭曲晶格的位置（蓝色）和灰色的晶格线。两条粗的灰色晶格线终止于七边形和五边形共用的键。

图 5.5 给出了图 5.3（d）和图 5.4 中所示的刃型位错的伯格斯回路结构。图 5.5（a）的绿线是通过包围位错晶格位置获取的回路。回路是闭合的，因此它在同一地点开始（S）和结束（F）。在图 5.5（b）中，回路被映射到一个不再闭合的完美六方晶格上。从 F 结束到 S 开始的闭合失效由红色箭头表示，它定义了位错的伯格斯矢量。伯格斯矢量是六角点阵的最短晶格矢量。由于伯格斯矢量是晶格矢量，因此位错是完全的。

六边形网络的 60°旋转对称性导致七边形和五边形被识别为网络中的基本缺陷。六方晶格网络是彼此符号相反的 60°旋转位移。如图 5.3（d）所示，通过组合它们，我们构建了一个完全的刃型位错。六边形晶格中五边形和七边形的其他组合会产生包括晶界在内的其他缺陷。

旋错涉及对片材边缘进行切割，以移除或插入 60°楔形材料。这些切口的存在使旋错存在拓扑缺陷。如图 5.6 所示，图 5.3（d）中位错的形成涉及在片材的边缘进行切割，同时插入或移除一片材料。因此，尽管它们可能看起来是点缺陷，但并不像空位或杂质，这是因为它们与延伸到片材边缘的切口有关。

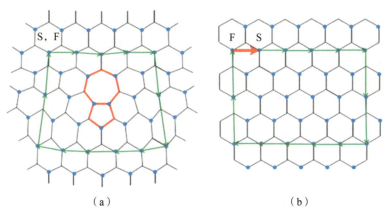

图 5.5 说明图 5.3d 和图 5.4 中伯格斯回路的位错结构。

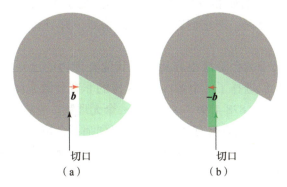

图 5.6 说明当两个相反的向错共存形成刃型位错时形成的切口。在 (a) 中,材料必须插入切口中。在 (b) 中,必须去除重叠材料。(a) 和 (b) 中形成刃型位错的伯格斯矢量 b 具有相反的符号。

5.6 准晶体

在晶体学中有一个结论,唯一与晶体中平移对称相容的是六重、四重、三重和二重旋转对称。准晶体具有长程取向对称性,但不具有平移对称性。平移对称性的缺失使它们显示出不同的旋转对称性,如五重、十重和十二重旋转。准晶体中的长程在其衍射图案中产生离散的斑点,这与金属玻璃衍射图案中发现的漫射环相反。

第一个被发现的准晶体是铝锰合金[①]。它的衍射图案表明其具有长程二十面体对称性。二十面体经常出现在金属化合物晶体中,如弗兰克-卡斯帕

---

① Shechtman, D, Blech, I, Gratias, D and Cahn, J W Phys. Rev. Lett. 53, 1951 (1984). 谢赫特曼因为这一发现获得 2011 年诺贝尔化学奖。

(Frank-Kasper)相，但它们排列在周期性重复的晶胞中，这并不违反上述晶体学的结论。不存在具有二十面体对称性的晶体。自1984年以来，研究人员已发现数百种金属化合物合金为准晶体，还发现了一些软准晶，如在溶液的自组装胶束中。准晶体在概念上很重要，因为它们与更高维的晶体密切相关。

令人费解的是，有些东西完全可以以有序的结构存在而不显示平移对称性。一个有限面积的二维正方形方格，晶格的一条边在方格中沿着(2,1)方向，边缘由像楼梯一样的周期性的台阶组成，每一台阶宽2个单位，每一台阶升高1个单位，其斜率为1/2。假设晶格的另一条边沿(3,1)方向。同样，有一个周期性的台阶，每一台阶是3个单位宽，其斜率为1/3。类似于(5,2)的中间边缘取向包括一个(2,1)台阶的重复和一个(3,1)台阶的重复。同理，(7,3)边是两个(2,1)台阶和一个(3,1)台阶的重复模式，其斜率为3/7。这些边在方格中沿有理方向，即它们穿过方格的格点，并且每条边的斜率是有理分式。

任意有理数边中的台阶序很容易通过其他有理边的已知序列线性组合来确定。但是假设我们选择了一个像$(e,1)$这样的非有理数方向，其中e是自然对数的底数2.718 281 828 459……，这是一个无理数。它将由一系列(2,1)和(3,1)台阶组成，但无论方格有多大，这个序列都不会精确重复。

尽管$(e,1)$边中的步骤顺序从不重复，但它是完全确定的。从已知的具有上下斜率的重复序列开始，对$(e,1)$边缘进行越来越准确的有理逼近。$(e,1)$的斜率介于(11,4)和(8,3)的斜率之间。我们选择(11,4)是因为它只能是三个(3,1)台阶和一个(2,1)台阶的重复序列。类似地，(8,3)只能是两个(3,1)台阶和一个(2,1)台阶的重复序列。标记(3,1)台阶为A、(2,1)台阶为B，则(11,4)和(8,3)中步骤的重复序列分别为$AAAB$和AAB。结合这些序列，我们可以得到$(19,7) = (11,4) + (8,3) = AAABAAB$。$(e,1)$的斜率介于(19,7)和(11,4)的斜率之间。

如果我们得到(68,25)的序列，则我们在$(e,1)$斜率的0.1%以内。(68,25)中台阶的重复序列如下：

$$(68,25) = 3(19,7) + (11,4)$$
$$= 3(AAABAAB)AAAB$$
$$= AAABAABAAABAABAAABAABAAAB$$
$$= AAABAAABAABAAABAABAAABAAB$$

我们可以利用整个序列的周期性将倒数第二行末尾的序列$AAAB$移动到最后一行序列的开头。我们可以继续构建更长的重复序列，其斜率越来越接近$(e,1)$。通过这种方式，我们就可以用有理近似值尽可能准确地逼近无理边$(e,1)$中的步骤序列，其中每一步都是完全确定的。随着有理逼近的精度提高，步骤的重复序列变得更长。在无理极限中，序列是无限长且从不重复的，但它是完全确定的。

这个简单的例子演示了如何在一个二维方格中取一个物理切割来确定一维中完全有序结构沿边的步骤序列。上述步骤序列中一维序列的起源是方格的二维周期性。沿着$(e,1)$边缘的步骤序列被称为准周期。

在数学上，显示准周期性的函数很容易构建。波 $\sin(2\pi x)$ 的波长为 1。波 $\sin(\pi x)$ 的波长为 2。波 $\sin(2x)$ 的波长为 π。这三个都是周期函数。波 $\sin(2\pi x) + \sin(\pi x)$ 是周期性的，波长为 2。波 $\sin(2\pi x) + \sin(2x)$ 是准周期性的。它永远不会完全重复，因为组成波的波长相差 π 倍，这是一个无理数。这些组成波是无公度的。

一维准周期函数 $\sin(2\pi x) + \sin(2x)$ 可以由二维周期函数生成，具体如下：考虑 $\sin(2\pi x) + \sin(2\pi y)$ 是 x 和 y 的周期函数，如图 5.7 所示。令 ξ 为沿直线 $y = x/\pi$ 上一点关于原点的位置，用红色表示。则 $\xi = \sqrt{x^2 + y^2} = \sqrt{1+\pi^2}(x/\pi) = \sqrt{(1+\pi^2)}y$。因此，$x = \pi\xi/\sqrt{1+\pi^2}$ 且 $y = \xi/\sqrt{1+\pi^2}$。沿着直线 $y = x/\pi$，二维周期函数 $\sin(2\pi x) + \sin(2\pi y)$ 变为 $\sin(2\pi x) + \sin(2x) = \sin(2\pi^2\xi/\sqrt{1+\pi^2}) + \sin(2\pi\xi/\sqrt{1+\pi^2})$。该函数绘于图 5.8 中。

有趣的是，将二维周期函数的原点移到 $(d_x, 0)$，对沿 $y = x/\pi$ 的准周期函数是有影响的。原点的移动相当于二维周期函数的刚性平移。准周期函数变为 $\sin[2\pi(\pi\xi/\sqrt{1+\pi^2} - d_x)] + \sin(2\pi\xi/\sqrt{1+\pi^2})$。就是在沿 x 轴的两个无公度波之间引入一个相位差。这种相位差被称为相位子。这与平移准周期函数的原点并不相同，只是产生了准周期函数的刚性位移。相位子是周期函数在高维空间中的一个符号。

从高维空间中周期结构能生成准周期结构的想法延续到真正的准晶体中。尽管五重旋转对称在三维晶体下没有平移对称，但事实证明它可以在六维晶体中出现。准晶体可以被认为是切割六维立方晶体的无理三维超平面。位错可以且确实存在于准晶体中，但在六维晶格中有回路定义的伯格斯矢量。高维晶格中的位错在准晶体中引起空间变化的相位场和弹性位移场，两者的特征都可以用电子显微镜检测到。结果是准晶体中位错的伯格斯矢量与准晶体衍射图案中的每个点一样，都有 6 个独立的分量。

尽管准晶体不具有平移对称性，但它们确实有局部同构性。这意味着无限准晶体的任何有限区域都是无限多次重复的，但是在其重复之前与有限区域的距离会随着重复区域的大小而增加。准晶体还有许多其他有趣的方面，包括彭罗斯镶嵌和黄金分割。普通晶体之间的无理性界面也可以描述为准周期结构[1]。

---

[1] Sutton, A P, Progress in Materials Science 36, 167 (1992).

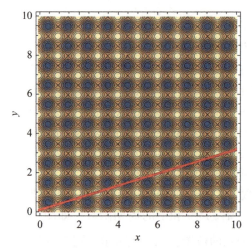

图 5.7 二维周期函数 $\sin(2\pi x) + \sin(2\pi y)$ 的等值线图。浅色圆圈是最小值,黑色圆圈是最大值。红线是直线 $y = x/\pi$。二维周期函数沿这条直线的值如图 5.8 所示。

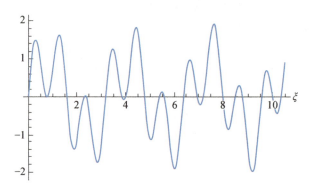

图 5.8 图 5.7 中沿直线 $y = x/\pi$ 的函数,ξ 是沿直线的坐标。图中的函数从来没有完全重复过。它是准周期函数。

延伸阅读

Janot, C, *Quasicrystals: a primer*, 2nd edition, Oxford University Press (2012).

Lederman, L M and Hill, C T, *Symmetry and the beautiful universe*, Prometheus Books (2008).

Newnham, R E, *Properties of materials*, Oxford University Press (2005).

Nye, J F, *Physical properties of crystals*, Oxford University Press (1985).

第六章
量子行为

这非常费力——那时我不懂矩阵微积分……我太兴奋了,一直在犯错误。但是到了凌晨三点,我就弄懂了它。我似乎正在透过原子现象的表面看向一个奇异而美丽的内部世界。纯数学结构的世界。我兴奋得睡不着。我一路南下直到岛的尽头。有一块突出海面的岩石,我一直想爬上去。我在黎明前半明半暗的时候登上了那块岩石,躺在上面,凝视着大海。

——在迈克尔·弗雷恩的《哥本哈根》第二幕中,维尔纳·海森堡独自一人在北海的赫利戈兰岛度假时,讲述了发现量子力学的关键时刻。1998年由梅修因首次出版。迈克尔·弗雷恩版权所有。摘录经迈克尔·弗雷恩,联合代理许可转载。

那些第一次接触量子理论时不感到震惊的人不可能理解它。

——尼尔斯·玻尔,引用于维尔纳·海森堡在《物理学与超越:相遇与对话》,第206页。哈珀&罗(1972)。

我想我可以肯定地说,没有人真正理解量子力学。

——理查德·费曼《物理定律的性质》,第129页。英国广播公司出版。理查德·费曼版权所有,1965。

6.1 概 念

在一个只服从经典物理学的宇宙中,我们所知道的物质是不存在的。在最基本的层面上,所有材料的结构和特性都受量子物理学的支配。

6.2 原子的大小和特性

原子的大小有限,约为 1 Å,即 10^{-10} m。原子核要小得多,为 $10^{-15} \sim 10^{-14}$ m。根据经典电动力学,加速电荷会发射电磁辐射。事实上,这是在同步加速器中产生 X 射线的机制，在同步加速器中，带电粒子以高速圆周运动。直到量子力学的进一步发展，我们才搞清楚为什么绕原子核运行的电子不会由于电磁波形式的辐射能量而坍缩成具有静电吸引力的原子核。

当氢原子被加热时，处于激发态的电子落入低能态，此时氢原子会向外辐射光。氢的发射光谱由清晰的、可重复频率高的离散线组成，而不是连续光谱。它的谱线是可重复的且对氢来说是独一无二的，所以它可以用来识别宇宙中任何地方是否存在氢。氢原子的玻尔模型能够通过假设电子是具有德布罗意波长 λ 的波来再现发射光谱，该波长 λ 必须与电子圆形轨道的圆周长 $2\pi r$ 相等：$2\pi r = n\lambda = nh/(mv)$，其中 $n = 1, 2, 3, \cdots$，h 是普朗克常数，m 是电子质量，v 是它的速度。在玻尔模型和牛顿力学中，半径 r 和速度 v 通过使向心力和静电力相等 $mv^2/r = e^2/(4\pi\epsilon_0 r^2)$ 联系起来，其中 e 是电子电荷的大小，ϵ_0 是真空电容率。在牛顿力学中，这种关系是对 r 和 v 的唯一约束，否则它们是任意的。因此，在牛顿力学中，氢原子的大小并没有唯一的定义。对于给定的 n 值，玻尔的假设固定了 r 和 v。当 $n = 1$ 时，电子轨道半径为 0.529 Å。玻尔模型中基态 $n = 1$ 时 r 的定义值得到了实验的支持，实验结果表明氢原子是彼此相同的。玻尔的中心假设存在卓越的洞察力，但它缺乏理论的证明。例如，他的模型断言但没有解释氢原子中的电子不会辐射电磁波或坍缩到原子核中。

随着薛定谔方程的发展及其在氢原子上的应用，这些难题得以全部解决。薛定谔方程表明，氢原子中的电子处于确定的最小能级，它不可能通过辐射能量进入更低的能级。对于基态构型本质的明确定义还指出所有氢原子在处于基态时是完全相同的。

6.3 双缝实验

19 世纪初，托马斯·杨的双缝实验表明光具有波动性。在这个著名实验的现代版本中，单一波长的光穿过屏幕上两个间隔很近的平行狭缝，并撞击在观察屏幕上，在观察屏上形成明暗线的干涉图样。令 $d_1(x)$ 和 $d_2(x)$ 为从每个狭缝到屏幕上点 x 的距离。当路径差 $d_1(x) - d_2(x)$ 是光波长的整数倍时，我们会在观察屏幕上得到相长干涉和明亮区域。当 $d_1(x)$ 和 $d_2(x)$ 相差整数个波长加上半个波长时得到相消干涉，我们会在观察屏幕上看到一个黑暗区域。因此，在观察屏幕上看到的图案是从两个狭缝发出的光波的干涉。如果一个狭缝被遮盖，使光只通过一个狭缝，干涉图样就会消失。干涉图样被光强度的平滑分布所取代，我们称之为单缝分布。

五十年前，我在学校学习了上述关于杨氏双缝实验的解释。如果我们在池塘里有一个稳定的波源，而不是光，解释是完全一样的，它穿过水面上两个间隔狭窄的空隙，撞击一个吸收表面（这样波就不会反射）。在吸收表面，我们看到相同的相长干涉和相消干涉图样。

但是关于光的实验还有很多。1905年，爱因斯坦通过证明光是被称为光子的粒子而组成的来解释光电效应。当光照射在金属表面时，只要光子的能量超过电子与金属的结合能，电子就会从表面射出。每个光子都有能量 $h\nu$ 和动量 h/λ，其中 ν 和 λ 是光的频率和波长。正是爱因斯坦对光电效应的解释为他赢得了1921年的诺贝尔物理学奖。

爱因斯坦对光电效应的解释提出了一个问题，如果光是粒子，我们如何在双缝实验中得到干涉图样？我们可能会认为，光子只能穿过其中一个狭缝，因为作为粒子，它不能同时穿过两个狭缝。可以想象，穿过一个狭缝的光子与同时穿过另一狭缝的另一个光子之间存在干涉。如果是这样，那么当我们降低光源的强度，使一次只有一个光子穿过设备时，干涉图样应该会消失。但它并没有消失。尽管干涉图样需要更长的时间才能出现在观察屏幕上，但最终相同的图样还是会出现。

1909年，G. I. 泰勒[①]进行了一项相关的实验，当时他还是剑桥大学的一名学生，与1897年发现电子的 J. J. 汤普森一起工作[②]。这是泰勒的第一篇论文。它的标题是《微弱光的干涉条纹》。条纹是在照相板上的针的阴影中产生的。光源放置在气焰前面的窄缝。通过一系列烟熏玻璃板，光线的强度被削弱了。最弱光照的实验需要三个月的曝光时间。结果发现即使是最弱的光源也会在针的阴影中产生相同的干涉图样。

不幸的是，泰勒使用的气焰一次能发射多个光子，可以认为，他观察到的图案是通过多个光子之间的干涉实现的，即使在针的光照最弱的时候也是如此。

最近，单光子源的实验已经被证实[③]，当一次只有一个光子通过狭缝时，双缝实验中看到的干涉图样还是得以维持。这是经典物理学无法解释的。

光子双缝实验证实了爱因斯坦的发现，即光有时表现得像粒子，有时又像波。但它与材料有什么关系呢？我们可以使用有质量的粒子，而不是在实验中使用光子。该实验是让电子一次一个地通过电子双棱镜，该电子双棱镜

---

① G. I. 泰勒后来继续为材料科学做出开创性贡献。1934年，他发表了一篇特别有远见的论文，早在金属中观察到位错之前，他便提出位错作为金属可塑性和加工硬化的媒介。尽管他对材料科学做出了巨大贡献，但他最出名的可能还是他在流体动力学和地球物理学方面的工作。他说他"没有感觉到从事纯物理学事业的召唤"。

② Taylor, G I, Proc. Camb. Phil. Soc. bf 15, 114−115 (1909).

③ Grangier, P, Roger, G and Aspect, A, Europhys. Lett. 1, 173 (1986).

的作用类似于双缝。这是在 1974 年由梅利等人首次在电子显微镜中使用热离子电子源完成的①。外村彰等人②在 1989 年使用电子显微镜中的场发射电子源独立复现了该实验。图 6.1 给出了在外村彰等人的实验中，单个电子是如何通过电子双棱镜逐渐呈现干涉图样的。干涉图样证明电子表现为波，而它们在屏幕上产生的白点则证明它们表现为粒子。因此，电子具有与光子相同的波粒二象性。

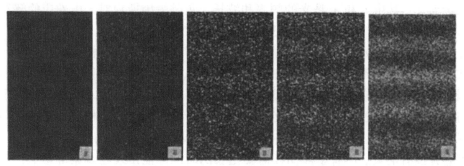

图 6.1　电子显微镜下电子对杨氏双缝干涉图样随时间逐渐形成的过程。在这个实验中，一次只有一个电子通过电子显微镜。每个白点对应一个电子的到达。从左到右，每帧中的电子数分别为 10、100、3 000、20 000 和 70 000。经美国物理教师协会许可，引自外村彰等（1989）。

假设我们引入一个探测器，使我们能够确定电子通过哪个狭缝。梅利和外村彰等人的实验中没有这样做。这是一个思维实验。如果我们再次进行实验，我们就会发现干涉图样被两个单缝分布的叠加所取代，每个狭缝分布一个。如果我们观察每个电子通过哪个狭缝，我们就会破坏干涉图样！这种奇怪行为的解释是，无论探测器的机制如何，它都会干扰电子。电子和探测器之间将发生能量、动量或二者同步进行的交换。因此，通过引入探测器，我们扰乱了电子的微妙状态，从而破坏了干涉。这凸显了一个量子世界中的测量问题，即测量行为对系统的干扰很大。

总之，如果我们能够探测到电子通过哪个狭缝，那么我们可以说它通过了狭缝 1 或狭缝 2。在这种情况下，没有干涉图样，只有来自两个狭缝的单缝分布的组合。但是如果我们不通过试图探测电子来干扰它们，我们就不知道它们通过了哪个狭缝，因此不能说电子通过了狭缝 1 或狭缝 2。在这种情况下，我们确实看到了干涉图样。当我们观察电子时，我们迫使它们通过了狭缝 1 或狭缝 2。但是当我们不观察时，就好像它们同时穿过了两个

---

① Merli, P G, Missiroli, G F and Pozzi, G, American Journal of Physics 44, 306 (1976).

② Tonomura, A, Endo, J, Matsuda, T, Kawasaki, T and Ezawa, H, American Journal of Physics 57, 117 (1989).

狭缝并相互干涉。

这些实验在量子力学中的数学表达是概率和概率幅。事件的概率 P 由 $|A|^2$ 定义，其中 A 是一个复数，表示事件的概率幅。这种定义概率的方式是量子力学独有的，而这样定义的唯一理由是它与实验一致。因为 A 是一个复数，它存在模 $|A|$ 以及相 ϕ，所以 $A = |A|e^{i\phi}$。

令 $A_1(x) = |A_1(x)|e^{i\phi_1(x)}$ 为电子通过第一条狭缝到达观察屏上位置 x 的概率幅。如果第二条狭缝被遮挡，所有电子通过第一条狭缝。此时电子到达观察区域位置 x 的概率为 $P_1(x) = |A_1(x)|^2$。这就是单缝分布。令 $A_2(x) = |A_2(x)|e^{i\phi_2(x)}$ 为电子通过第二条狭缝到达观察屏上位置 x 的概率幅。如果第一条狭缝被遮挡，所有电子通过第二条狭缝。此时电子到达观察区域位置 x 的概率为 $P_2(x) = |A_2(x)|^2$。当我们不遮挡两个狭缝，并使用探测器探测出电子通过哪个狭缝，然后电子到达观察屏幕上 x 的概率仅为 $P_{1或2} = P_1(x) + P_2(x)$，并且此时没有干涉。

如果两个狭缝都未被遮挡，并且我们不知道每个电子通过哪个狭缝，则概率幅为 $A_{1和2}(x) = A_1(x) + A_2(x)$。电子到达观察屏上位置 x 的概率为：

$$\begin{aligned}P_{1和2}(x) &= |A_{1和2}(x)|^2 \\ &= (A_1(x) + A_2(x))(A_1^*(x) + A_2^*(x)) \\ &= A_1(x)A_1^*(x) + A_2(x)A_2^*(x) + A_1(x)A_2^*(x) + A_2(x)A_1^*(x) \\ &= |A_1(x)|^2 + |A_2(x)|^2 + |A_1(x)||A_2(x)|(e^{i(\phi_1-\phi_2)} + e^{i(\phi_2-\phi_1)}) \\ &= P_1(x) + P_2(x) + 2|A_1(x)||A_2(x)|\cos[\phi_1(x) - \phi_2(x)] \\ &= P_{1或2}(x) + 2|A_1(x)||A_2(x)|\cos[\phi_1(x) - \phi_2(x)]. \end{aligned} \quad (6.1)$$

星号表示共轭复数，例如 $A_1^*(x) = |A_1(x)|e^{-i\phi_1(x)}$，$A_2^*(x) = |A_2(x)|e^{-i\phi_2(x)}$。其中干涉项 $2|A_1(x)||A_2(x)|\cos[\phi_1(x) - \phi_2(x)]$ 决定了在观察屏上产生的明暗条纹。

该实验已经通过更大质量的粒子进行验证，包括中子、原子甚至分子。例如，C_{60} 分子（巴基球）已经显示出波粒二象性[①]。粒子的德布罗意波长与其质量成反比。本实验中 C_{60} 粒子的德布罗意波长约为 2.5×10^{-12} m。从机枪发射的子弹的德布罗意波长约为 10^{-35} m。如果用机枪向双缝发射子弹，我们将看不到干涉图样，因为条纹的间距太小而无法分辨。在方程（6.1）中，只会得到包络函数 $P_{1或2}(x)$，这也是我们期望在牛顿物理学中看到的。当德布罗意波长变得如此之小，无法再检测到量子干涉时，就会发生从量子世界到牛顿世界的转变。但是在原子尺度上，我们应该预见到由量子物理学

---

① Arndt, M, Nairz, O, Vos-Andreae, J, Keller, C, van der Zouw, G and Zeilinger, A, Nature 401, 680 (1999).

引起的材料中的不寻常现象和过程。例如，将在本章稍后讨论的量子扩散。

电子的波粒二象性在电子显微镜中得到了利用。电子被加速并撞击样品。它们被样品内部的静电势分散。加速电子的德布罗意波长很小，能够比光学显微镜下的光分辨出更精细的细节。加速的电子还能够更深入地渗透对可见光不透明的材料。缺陷的弹性场以量子力学计算的方式散射电子，并与实验获得的图像进行比较。加速的电子也可用于激发材料内部原子的电子跃迁，以确定它们的化学特性。电子显微镜已经是材料科学中用于成像和化学分析的标准工具。

在结束双缝实验的内容之前，让我们简单地回到量子测量问题。在牛顿物理学中，我们测量时通常假设系统的扰动可以忽略不计。在量子物理学中，系统是如此的小而精细，我们必须认识到自己进行测量时会严重地扰乱系统。这意味着在双缝实验的情况下，我们不能引入任何方法来确定光子、电子或 C_{60} 分子通过哪个狭缝的同时而不破坏干涉图样。量子测量中的这种内在不确定性是海森堡不确定性原理的基础，通常如下所述：

$$\Delta x \Delta p \geq h \tag{6.2}$$

其中 Δx 和 Δp 是粒子位置和动量的不确定性。

在固体中，这种不确定性关系导致"零点运动"的存在。在绝对零度时，固体中的原子不会停止振动，因为如果它们停止振动，其位置和动量就会被准确地知道，这将违反不确定性原理。当量子力学应用于频率为 ν 的谐振子时，该谐振子的最小能量为 $h\nu/2$，称为零点能。如果 m 是原子的质量，a 是固体中原子的间距，则原子在绝对零度时的平均动量 p 必须至少为 h/a，并且其动力学能量至少为 $p^2/(2m) = h^2/(2ma^2)$。该能量是零点能的下限。金属中氢间隙的零点能为 0.1 eV 量级。要了解它有多大，必须将金属加热到大约 900 ℃，此时热能 $k_B T$ 才能与这个零点能相当。尽管零点能与大多数晶体的内聚能相比很小，但它通常与可变晶体结构的内聚能差值相当。因此，零点能通常用于预测处于绝对零度下的晶体结构。

6.4　全同粒子、泡利不相容原理和自旋

我们以"1"和"2"标记两个粒子。令 $A(x_1, x_2)$ 为粒子 1 在 x_1 和粒子 2 在 x_2 的概率幅。如果粒子 1 是电子，而粒子 2 是质子，则其很容易区分，因为它们具有不同的质量和相反的电荷。如果我们交换粒子，使电子在 x_2 而质子在 x_1，那么概率幅 $A(x_2, x_1)$ 没有理由与 $A(x_1, x_2)$ 相关。但是假设这两个粒子是不可区分的，如两个电子。它们的不可区分性是否意味着 $A(x_1, x_2)$ 与两

个电子位置交换时的概率幅 $A(x_2,x_1)$ 相同？如果进行实验来回答这个问题，我们将不会测量概率幅，而是测量概率 $|A(x_1,x_2)|^2$ 和 $|A(x_2,x_1)|^2$。由于电子无法区分，因此概率必然相同①。然而，这并不一定意味着 $A(x_2,x_1)=A(x_1,x_2)$，因为它也可能意味着 $A(x_2,x_1)=e^{i\phi}A(x_1,x_2)$，其中 $e^{i\phi}$ 是任意相位因子。但是，如果我们第二次交换它们，必须恢复原始的概率幅。由此可知，ϕ 必须是 π 的整数倍，因此相位因子 $e^{i\phi}$ 必须是 ±1。所以，对于不可区分的粒子，在粒子位置交换的情况下概率幅必然是对称的 $A(x_2,x_1)=A(x_1,x_2)$ 或反对称的 $A(x_2,x_1)=-A(x_1,x_2)$。对称和反对称概率幅可以满足如下关系②：

$$A^{(S)}(x_1,x_2)=\psi(x_1,x_2)+\psi(x_2,x_1) \tag{6.3}$$

$$A^{(A)}(x_1,x_2)=\psi(x_1,x_2)-\psi(x_2,x_1) \tag{6.4}$$

其中 $\psi(x_1,x_2)$ 是在 x_1 处找到粒子 1 和在 x_2 处找到粒子 2 的概率幅，$\psi(x_2,x_1)$ 是在 x_2 处找到粒子 1 和在 x_1 处找到粒子 2 的概率幅。在交换粒子位置时，具有对称概率幅的相同粒子称为玻色子。光子是玻色子的一个例子。在交换粒子位置时具有反对称概率幅的相同粒子称为费米子。费米子的例子包括电子、质子和中子。

所有无法区分的粒子要么是费米子，要么是玻色子。这种分类完全基于不可区分粒子在位置交换后的对称性。这是第五章讨论的对称性基本作用的又一个例子。

无法区分的粒子可能具有被称为"自旋"的内部自由度。电子有两种可能的自旋，$+\frac{1}{2}$ 和 $-\frac{1}{2}$，通常称为自旋向上和自旋向下。泡利发现费米子的自旋值是奇数的一半：$\pm\frac{1}{2}$、$\pm\frac{3}{2}$、$\pm\frac{5}{2}$…玻色子的自旋值是整数：0，1，2…

两个电子的概率幅涉及它们的自旋以及位置。然而，如果电子 1 和电子 2 具有相同的自旋，它们的概率幅为反对称的唯一可能是空间分量满足方程 (6.4)。在这种情况下，如果 $x_1=x_2$，概率幅为零。这意味着如果两个电子自旋相同，它们就不可能占据相同的位置。除了静电斥力外，其概率幅空间分量的反对称性还引入了电子之间有效的相互作用以分离它们。这种相互作用

---

① 当我们说两个粒子无法区分时，不仅是说它们具有相同的物理属性，如质量和电荷，也是在说由于不确定性原理，我们无法随时间追踪它们的位置和速度。服从牛顿物理学的粒子总是可以区分的，因为它们的轨迹是可以追踪的。因此，对于无法区分的粒子，它们必须服从量子物理学，而不是牛顿物理学。

② 为简单起见，概率幅 $A^{(S)}(x_1,x_2)$ 和 $A^{(A)}(x_1,x_2)$ 未归一化。为了对它们进行归一化，假设 $\psi(x_1,x_2)$ 和 $\psi(x_2,x_1)$ 已经归一化，方程 (6.3) 和 (6.4) 的右侧除以 $\sqrt{2}$。

称为交换相互作用。这是泡利不相容原理的一个例子。该原理指出，一个包含自旋特性的量子态①只能容纳一个电子。相反，不考虑自旋，一个量子态最多只能被两个电子占据，一个自旋向上，另一个自旋向下。

6.5 泡利不相容原理的影响

泡利不相容原理在解释元素化学性质和元素周期表结构方面大有帮助。

氢原子的量子态可以通过解析法找到。它们由四个量子数表征：

1. $n = 1, 2, 3, 4, \cdots$ 是主量子数。在氢原子中，能级的能量与 $1/n^2$ 成正比，并且与其他量子数无关。

2. $l = 0, 1, 2, \cdots, n-1$ 是角量子数。$l = 0$、1、2、3 的状态分别被称为 s、p、d、f 能级。

3. $m = -l, -l+1, \cdots, l-1, l$ 是磁量子数。这个量子数指定了沿 z 轴的角动量分量。

4. m_s 为电子自旋量子数。

以 n、l、m 为特征的每个状态称为轨道，可能被两个电子占据，一个自旋向上，另一个自旋向下。第 n 个"壳层"表示具有相同主量子数 n 的轨道。在第 n 个壳层中有 n^2 个轨道，最多可容纳 $2n^2$ 个电子。

只有在氢原子中，所有轨道的能量是相同的，给定壳层中所有轨道的能量是相同的。在其他原子中，电子间的排斥作用有利于产生相对更小的角动量。伴随角动量的增加，电子远离原子核，并由于原子核相近电子的屏蔽，而更长时间处于远离原子核的位置。一般来说，给定壳层中 s 能级具有最低的能量，然后是 p 能级，然后是 d 能级等。

令 Z 表示原子序数。随着 Z 从 1 开始增加，考虑原子中电子的基态构型。氢原子中的单电子处于 $1s$ 轨道。在氦原子中，两个电子可以同时占据 $1s$ 轨道，一个自旋向上，另一个自旋向下。这样第一壳层就填充满了，并且氦是一种惰性气体。下一个元素（$Z = 3$）是锂。它的第三个电子必须进入第二个壳层，能量最低的空轨道是 $2s$ 轨道。铍的第四个电子完成了 $2s$ 轨道的填充。硼的第五个电子必须进入 $2p$ 轨道。$2p$ 轨道被接下来的元素碳、氮、氧、氟和氖逐渐填充满。在另一种惰性气体氖中，第二壳层是填充满的。从钠到氩（$Z = 11 \sim 18$），$3s$ 和 $3p$ 轨道逐渐被填入电子。这样填充电子的模式在 $Z = 19$ 和 20（即钾和钙）处被暂时打破，第一个过渡金属系列的 $3d$ 轨道被占据之

---

① 量子态的特征取决于一组量子数，这些量子数描述了电子动力学中守恒量的值，如原子中角动量或自由电子的线性动量。

前，4s 轨道即被占据。这是因为 3d 轨道在空间上非常紧凑，所以占据它们的电子与其他第三壳层电子之间存在显著的静电排斥。然后 4s 轨道的能量下降到 3d 轨道的能量之下。

元素的化学性质由最外层电子壳层中的电子决定。碱金属的 +1 价是最外层电子受到的原子核静电作用力被较内层电子屏蔽的结果。因此，最外层的电子更容易在受到电离后失去。卤素的 −1 化合价源于最外层壳层中的单个空位可以接收电子，使壳层完整。在惰性气体中，最外层的电子处于完整的壳层中，这些电子与原子核的作用力受到彼此之间的原子中其他电子同等的屏蔽作用。惰性气体中的外层电子壳层也没有未被填满的轨道。填充在内部壳层中的电子称为"核心"电子，而填充在外部壳层中的电子称为金属中的"价"电子或"传导"电子。核心电子不参与成键，因为它们的能量太低，而且其壳层已被填满——同样是不相容原理。然而，核心电子和价电子之间的区别并不总是保持不变，如过渡金属系列的第一行中，电子在填充 3d 轨道之前先填充进 4s 轨道。

当原子组合成分子时，概率幅（也称为波函数）变成了具有未知系数的原子状态的总和。系数是通过求解薛定谔方程得到的，求解过程中也得到了分子态的能量。但我们可以对所发生的事情有所了解。核心能级的能量太低，所以它们不会受到其他原子的影响，也不参与成键。分子态由原子价态的线性组合形成。这些分子状态下的电子是流动的——它们不再局限于单个原子，因为其在分子内变得离域了。泡利不相容原理仍然适用：每个分子轨道最多可以被两个自旋相反的电子占据。表征分子状态的量子数不再是原子的 n、l 和 m 数。

宏观固体是巨大的分子。可以将固体的形成想象为无限的原子聚集在一起。原子核心状态保持高度局域化，并被每个原子中的核心电子占据。价层轨道变成离域的分子轨道，固体中的所有原子都可以参与其中。分子轨道的能量在特定范围内，这个范围被称为能带。分子轨道被电子严格按照泡利不相容原理占据。每个分子轨道由不超过两个自旋相反的电子占据，从能量最低的轨道开始，并依次占据能量增加的分子轨道，直到固体中的所有价电子都被计算在内。一旦固体中所有价电子都被分配到分子轨道，剩下的分子轨道就不会被占据。

我们刚刚介绍的叫固体能带理论。它解释了为什么有些固体是金属导体，有些是绝缘体，有些是半导体。分子能带的能量可能重叠，也可能被称为带隙的能隙分开，在带隙中没有分子轨道。满带不能导电，因为没有可用的未占据轨道来容纳由施加电压激发的电子。金属具有不满带，其中未占据轨道很容易被处于已占据轨道上的电子以最高的能量激发进入。半导体具有满带，但满带和空带之间的能隙足够小，电子可以从满带通过热活化到空带。

电子轨道能带的存在有时在概念上与晶体中周期性的存在有关，似乎周期性是能带存在的必要条件。如果这是真的，玻璃就不会是透明的。窗户玻璃是一种非结晶绝缘体。已占据和未占据分子轨道之间的能隙足够宽，使可见光频率的光子在材料中传播时不会遇到可能激发它们的电子轨道。非晶硅是一种用于太阳能电池的半导体。其具有能带和带隙，但没有晶体周期性。在能带理论中引入周期性的唯一原因是它简化了电子能带的计算。但这并不是它们存在的必要条件。

在 8.3.1 节中，我们将看到有时能带理论预测材料是金属，而实际上它们是绝缘体。这种失败源于能带理论中的假设被打破，即电子从一个原子转移到另一个原子时没有能量消耗。当材料中原子的排列非常无序时，不满带中金属导电率的预测也可能失败。然后电子会被困在局域的低能量轨道中，并且无法参与传导。

在一些金属中，如碱金属和铝，价层电子轨道失去了太多的原子特性，因此可以近似看作是被限制在金属样本尺寸定义的盒子内的自由电子状态。这就是自由电子近似。假设每个原子中的价电子将它们与原子分离，留下一个阳离子。价电子变成电子的海洋，在金属中自由游荡。尽管静电相互作用强度很大，但假设价电子之间不相互作用，也不与它们留下的阳离子相互作用。阳离子有效地散布成均匀的正电荷密度，从而中和价电子。然后金属的电子轨道在盒中变成驻波。根据泡利不相容原理，从能量最低的轨道开始，每个驻波轨道被两个电子占据。电子不断填入能量上升的驻波轨道，直到所有价电子都被分配到驻波轨道中。

占据驻波最高轨道的能量被称为费米能量，该状态下电子的德布罗意波长叫费米波长。费米能量是处于最高占据轨道的电子的动能。这是泡利不相容原理的直接结果，该原理禁止任何轨道被两个以上的电子占据，费米能量比能带底部高 10 eV 量级。这相当于电子速度约为光速的 1%。换句话说，即使在绝对零度下，金属中的电子也会以每秒一百万米左右的速度移动。

费米波长与金属中原子之间的间距相当。费米波长定义了金属中价电子电荷密度变化的最小范围。假设我们将正点电荷 Q 引入金属。在真空中，点电荷的静电势随到电荷距离 r 的倒数而衰减。但在金属中，它的电位被吸引来的自由电子屏蔽。这些自由电子包围点电荷并将其中和。围绕着点电荷的中和电子云的大小与费米波长相当。屏蔽点电荷的静电势随距离 r 衰减得更快。当从几个费米波长的距离观察它时，它看起来几乎是中性的，静电势几乎为零。杂质在价电子密度上产生了微小的振荡，其幅度随着与杂质的距离增大而衰减，就像将石头扔进池塘一样。

金属中的自由电子可以有效地屏蔽任何引入其中的电荷。它们也能够非常有效地屏蔽彼此的静电势。金属中的每个价电子都被电子电荷密度中的空穴包围，空穴大小依然与费米波长相当。负电荷密度的损耗在静电学上等同于正电荷密度。在价电子电荷密度中，价电子与周围的空穴密不可分，它们一起形成一个中性的"准粒子"。在自由电子模型中，金属的价电子没有静电相互作用的理由。每个价电子周围空穴的形成有两个原因。一是交换相互作用，确保具有相同自旋的电子互不影响。二是电子之间的静电排斥。它们的综合作用是保证空穴周围的价电子电荷密度相当于一个丢失的电子。

在第一章中，我们遇到了广度热力学变量的概念，如内能。给定相同材料的两个宏观样品，第一个包含的原子数量是第二个的两倍，第一个样品的内能是第二个的两倍。这似乎很明显，我们认为这是理所当然的。但为什么会这样呢？为什么样品中的原子数存在线性依赖关系？直到1967年，人们才从理论上解释了这种线性相关性[①]。同一篇论文表明，这种线性相关性严重依赖泡利不相容原理。如果电子是玻色子而不是费米子，则包含 N 个原子样品的能量将以 $N^{7/5}$ 非线性变化。如果电子不是遵循泡利不相容原理的费米子，我们所知道的物质就不会是稳定的。

在本节中，我们看到泡利不相容原理的结果对所有物质的性质影响都是深远而深刻的。该原理的起源要求两个电子交换位置时的概率幅是反对称的。最终，所有这一切都源于与相同费米粒子不可区分性相关的对称性。

6.6 隧穿效应

在牛顿物理学中，如果一个粒子遇到势垒，它必须有足够的能量越过势垒，否则它将永远停留在一侧。在量子物理学中，粒子具有通过势垒而不是越过势垒的有限概率。这称为量子隧穿效应。

在8.3.1节中，我们将讨论当两个原子相距很远时，价电子从一个原子转移到另一个原子的能垒。除非电子能够进行这种转移，否则就不可能形成金属键、共价键或离子键。随着原子靠得越来越近，能垒变得越来越小，但在牛顿物理学中，它们仍然是不可逾越的。最终电子能够穿过能垒。化学键合是量子隧穿效应的结果。

量子隧穿最直接的应用之一是扫描隧道显微镜（STM）。一个原子级尖锐的金属尖端被带到距离导电样品表面几埃米的范围内。样品向尖端施加一个小电压。电子在尖端和样品之间通过隧穿穿过隔开他们的势垒。当尖端移动

---

① Dyson, F J and Lenard, A, J. Math. Phys. 8, 423 (1967).

到表面上方时，存在一个反馈机制，通过将尖端移向或远离表面来保持恒定的隧穿电流。当尖端在表面上扫描时，它用以保持恒定隧穿电流的移近或远离表面的运动被转换为表面图像。STM 超高的空间分辨率使分辨表面上的单个原子也变的很容易。隧穿电流对尖端移向或远离表面运动的指数敏感性［参见下面的方程（6.5）］使测量表面的高度变化能够在皮米（10^{-12} m）水平上进行。示例如图 6.2 所示。

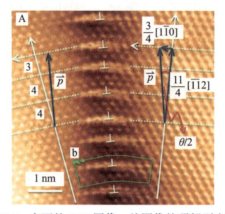

图 6.2　铜薄膜（111）表面的 STM 图像，从图像的顶部到底部出现晶界。注意1 nm 刻度标记；每个白色圆圈都是一个原子。测得的晶界关于［111］面法线的取向差 θ 为 16.2°。晶界处含有伯格斯矢量 $\frac{1}{2}[1\bar{1}0]$ 位于倒"T"符号的刃型位错。绿色的伯格斯回路确定每个位错的伯格斯矢量。每个 $P = \frac{1}{2}[\bar{4}, \bar{7}, 11]$ 周期的边界包含三个刃型位错。晶界也使其两侧的（111）面倾斜约 3°。因此，晶界在铜表面处于一个较浅的谷内。引自 Zhang, X, Han, J, Plombon, J J, Sutton, A P, Srolovitz, D J and Boland J J, Science 357, 397（2017）。经 AAAS 许可转载。

6.7　固体的热性能

尽管量子物理学是针对亚原子粒子发展起来的，但本章已经表明它们会在宏观水平上影响材料的性质。宏观材料的热性能，如比热，也受到量子物理学的影响。

在第一章中，我们了解到热是原子在固体中围绕其平均位置振动的能量。材料越热，振动幅度越大。摩尔热容或"比热"将一摩尔物质的温度升高一开尔文所需的热量进行了量化。牛顿物理学预测固体元素的摩尔比热是一个常数，在所有温度甚至熔点温度下都等于 $3R$，其中 $R = 8.314$ J·mol^{-1}·K^{-1} 是气体常数。这就是所谓的杜隆–珀蒂定律，但它是普遍不适用的。随着温度接近绝对零度，所有固体的比热趋于零。爱因斯坦解释了这一观察结果，他认为固体的原子可以被视为遵循量子力学定律的独立谐振子。在爱因斯坦模型中，固体中的每个原子都位于抛物线势阱中，在那里它独立于其"邻居"振动。这是一个近似假设，因为原子通过原子间力相互耦合，它们不会独立振动。尽管如此，爱因斯坦模型还是准确指出了杜隆–珀蒂定律失效的基本物理学原因。

我们可以求解谐振子的薛定谔方程。如果 ν 是振子的振动频率，其能量量化如下：

$$E_n = \left(n + \frac{1}{2}\right)h\nu,$$

其中 $n = 0, 1, 2, 3, \cdots$ 最低能级的能量为 $E_0 = \frac{1}{2}h\nu$，即前文提到的零点能。固体中原子的典型振动频率约为 $10^{12} \sim 10^{13}\,\text{s}^{-1}$。对于这个频率范围，$h\nu$ 介于 0.004 eV 和 0.04 eV 之间。如果可用热能明显小于 $h\nu$，则原子振荡不太可能从 E_0 被激发到 E_1。在这种情况下，原子振荡无法吸收热能，并且比热随着温度的降低而降低，在绝对零度达到零。在低温下，谐振子的离散能级远远小于激发到更高能级所需的激发能，因此这样的激发不能发生。

比热的德拜模型是对爱因斯坦模型的改进，因为它考虑了固体中原子之间的耦合。这种耦合导致了振动频率的分布，这取决于它们的波长。德拜模型还包括对振动各种集体模态的能级进行量子化。这些振动的量子化集体模态称为声子。在德拜模型中，低温下由原子振动激发产生的比热预计会随着 T^3 变化，这与实验吻合。在高温下，德拜模型和爱因斯坦模型中的比热趋向于杜隆–珀蒂定律预测的 $3R$ 值。比热主要物理模型从量子转变为标准模型时的温度被称为德拜温度 T_D。其定义为 $h\nu_{\max} = k_B T_D$。其中 $\nu_{\max}$ 是晶体中原子振动模式的最大频率，k_B 是玻尔兹曼常数。由强原子键结合的小质量原子具有高振动频率。因此，金刚石中的德拜温度超过 2 000 K。我们看到量子力学会直接影响固体的宏观热性能。

在金属中，价电子也可以影响比热。接近费米能量的电子可以被激发到仅略高于费米能量的更高能量未占据轨道。但是金属中的大多数价电子无法被激发到更高的能级，因为它们没有可以进入的未占据轨道。因此，可以被激发的电子数量受泡利不相容原理的限制，只有那些刚好低于费米能量的电子可以被可用的热能激发。因此，电子对金属比热的影响随温度线性变化。在大多数温度下，金属的比热主要由振动影响决定。但在非常低的温度下，电子影响占主导地位，因为它与温度呈线性相关，而振动影响与温度呈立方相关。

6.8 量子扩散

我们已经看到，要了解固体中电子的行为，我们必须从量子力学的角度来看待它们。这就提出了一个有趣的问题，即我们是否以及何时必须从量子力学角度来看待原子核的动力学。在上一节中，我们已经看到原子振动的量子化对低于德拜温度的固体的热性能有很大影响。固体中的原子也表现出零点运动，这是量子物理学的一个特征。零点运动也有助于替代晶体结构的相对稳定性。

第三章中概述的扩散不是基于量子物理学。热波动为靠近空位的原子提供了足够的能量来克服势垒，从而跃入空位。类似地，间隙从热波动接收足够的能量以克服势垒，进入相邻间隙位点。那么，扩散的原子能否穿过势垒而不是越过势垒？

这个问题具有重大的技术意义，特别是对于正在发展的"氢经济"而言。氢是许多金属和合金（包括钢）中臭名昭著的脆化元素。从材料中去除氢原子并防止它们进入（如水的离解）是极其困难的。它们被吸引到相对高的拉应力区域，在那里它们可能发生成核裂纹。因此，它们的流动性是一个值得关注的问题。在实际应用中，合金设计者试图通过在合金中建立氢原子陷阱来固化它们。但是"陷阱"对于氢原子来说，只是一个更深的势阱，那么问题又来了，它是否可以穿过陷阱周围的势垒。

设想一个质量为 M 且能量为 E 的自由粒子沿 x 轴移动，在 $x=0$ 和 $x=w$ 之间遇到势垒 $V(x)$。势垒由 $V(x) = V_0 \sin^2(\pi x/w)$ 给出，其中 $V_0 \gg E$。在牛顿物理学中，粒子将被势垒反射。但是在量子物理学中，粒子隧穿穿过势垒的概率由下式给出：

$$P \approx e^{-8\sqrt{2MV_0}\,w/h} \tag{6.5}$$

对氢原子而言，当 $V_0 = 0.5$ eV 且 $w = 1$ Å 时，我们发现 $P \approx 3 \times 10^{-9}$。如果势垒宽度加倍、势垒高度增加到 2 eV 或者氢被氦取代，隧穿的概率大约降低到 9×10^{-18}。我们如何解释这些数字呢？

如果氢原子在直径约为 1 Å 的空隙内振动，则不确定性原理要求它具有约 7×10^{-24} k·g·ms^{-1} 的最小动量。因此，氢原子的平均最小动能约为 0.08 eV。如果我们令它与氢原子的零点能 $h\nu/2$ 相等，则其振动频率 ν 至少为 4×10^{13} s^{-1}，这看起来是合理的。因此，氢原子每秒至少有 4×10^{13} 次尝试穿过势垒。如果隧穿概率至少为 $P \approx 3 \times 10^{-9}$，那么每秒将发生 10^5 次以上的隧穿。这些隧穿可以在三维空间中的空隙点之间随机穿梭。一秒内移动的距离至少为 $\sqrt{10^5}$ Å ≈ 300 Å（假设间隙位点之间的距离为 1 Å）。令它等于 $\sqrt{Dt}$，其中 $t = 1$ s，

我们得到扩散率 $D \approx 10^{-15}$ m$^2 \cdot$ s^{-1} 的下限。

上述估计过于简化。通过引入尝试频率，它融合了经典物理学和量子物理学。量子理论中更一致的处理方法是在代表晶体间隙位周期性分布的周期势中求解氢原子的薛定谔方程。该方程表示晶体中间隙位点的周期性分布。它也忽略了隧穿发生的一个重要要求，即能量守恒：隧穿前后，系统的能量必须相同。当氢原子位于间隙位置时，周围的金属原子由于氢原子施加在它们之上的力而分散到稍微不同的位置。这些原子位移在隧穿发生之前降低了系统的能量。因此，为了发生隧穿，很可能主体原子的位移必须发生在初始和最终间隙位置周围，以确保总能量守恒。这些原子位移可能是热辅助的。

然而，方程（6.5）表明，通过量子隧穿的氢扩散是可行的。它还表明，原子质量越大，隧穿的可能性就越小。

6.9 结束语

20 世纪初，量子力学的引入标志着科学史上最伟大的革命之一。有时人们说，它对材料科学的影响仅限于原子尺度——理解材料的键合、电子、磁性和光学特性。但实际上，它渗透整个材料科学，催生出随温度和成分变化的相的自由能、缺陷形成和迁移自由能以及它们所受到的阻力。量子力学几乎直接或间接地影响了所有材料科学领域。

延伸阅读

Feynman, R P, Leighton, R B and Sands, M, *Feynman lectures on physics Volume 3: Quantum Mechanics*, Addison Wesley Publishing Company (1965).

Susskind, Leonard and Friedman, Art *Quantum Mechanics: The theoretical minimum*, Penguin Books (2014).

Sutton, Adrian P, *Electronic structure of materials*, Oxford University Press (1996).

第七章
微尺度效应

到目前为止，我们一直满足于在地下挖掘寻找矿物。加热它们，然后用它们进行大规模的实验，希望得到一种不含有这么多杂质的纯净物质。但我们必须接受大自然赋予的某种原子排列。我们没有得到任何成果，比如"棋盘式"排列，杂质原子精确地排列在 1 000 Å 的距离上，或以其他特定模式排列。

我们可以用有恰当层次的分层结构做什么呢？如果我们真的可以按照我们想要的方式排列原子，材料的特性会是什么？从理论上研究它们会非常有趣。我不能确切地看出会发生什么，但我毫不怀疑，当我们在一定程度上控制了很小尺度上事物的排列时，我们将获得的物质可能具有更大范围的特性，并且我们可以在更大范围去做不同的事情。

——R. P. 费曼，《底层大有空间》，1960 年 2 月《工程与科学》，加州理工学院出版。费曼在 1959 年 12 月 29 日美国物理学会年会上的演讲记录。

7.1 概 念

具有纳米尺寸的材料与其宏观尺寸的材料表现不同。它们的性质更明显地受量子物理学支配。在纳米尺度上创建和操纵材料的技术的发展为当前的信息时代奠定了基础。

7.2 简 介

原本费曼在 1959 年的远见卓识在很大程度上已经被遗忘了，直到 1981 年扫描隧道显微镜被发明[①]。这一突破标志着纳米科学的诞生，最终使我们能

---

① Binnig, G, Rohrer, H, Gerber, Ch. and Weibel E, Phys. Rev. Lett. 49, 57 (1982).

够在便携式设备中共享、存储和检索数量惊人的信息。费曼以预先确定模式在纳米尺度上创建材料的梦想已经实现了,包括他的棋盘(checkerboard)[①]和多层(multilayer)[②]示例。

纳米级通常被定义为从 10^{-9} m(1 nm)到 10^{-7} m(100 nm 或 0.1 μm)的长度范围。当材料的任何外部尺寸处于纳米级时,它被称为纳米材料。本章的重点是纳米材料科学,它是纳米科学领域的一部分。还有纳米结构材料。例子包括晶粒尺寸为纳米级的纳米晶体材料[③],以及包含纳米级尺寸颗粒或微结构特征的其他材料。

设想一下,当我们减小立方体边缘的长度 L 时,纯金晶体立方体的特性会如何变化。当 $L=1$ cm 时,其内能、熵和体积的值与立方体中的原子数成正比。因此,这些性质满足广义热力学变量的定义。但事实并非如此,因为立方体表面的原子与内部原子的相邻原子数不同。因此,表面原子对这些热力学变量的贡献应该不同于立方体内部的原子。一个简单的计算表明,当 $L=1$ cm 时,表面原子数与内部原子数之比为 10^{-8} 量级。因此,表面原子对这些热力学变量的贡献可以忽略不计,我们有理由将它们视为广延变量。当同样的论点应用于立方体其他物理特性时,如密度、电导率、光学反射率、弹性常数等,得出的结论是它们与在相同环境条件下的更大样品没有区别。

随着立方体尺寸的减小,表面原子数与内部原子数之比增大。例如,当 $L=100$ nm 时,该比值约为 0.6%,而当 $L=10$ nm 时,表面原子的比例约为 6%。这种趋势的后果之一是熔点降低,因为在高能位点有更高比例的原子。另一个后果是样品的密度增大。如果我们假设表面的单位面积能量 γ 是一个常数,那么当立方体的总表面积减小时,立方体的表面能也会降低,表面能会使立方体受到压缩。立方体内部产生的压缩应力的值是 γ/L 量级。这是一个粗略的估计,因为 γ 是一大块表面上的平均值,它取决于表面法线相对于晶轴的方向。当 L 减小到 1~10 nm 时,它也可能发生变化,因为大量原子位于两个表面相交的立方体边缘。设 $\gamma=1$ J·m^{-2} 是典型金属表面能的数量级,我们发现当 $L=100$ nm 时,压缩应力为 10 MPa,当 $L=10$ nm 时,压应力为 100 MPa,当 $L=1$ nm 时,压缩应力为 1 GPa。这种压缩应力导致纳米粒子的原子间隔比大体积粒子更小。当尺寸减小时,一些纳米粒子采用不同的晶体结

---

① MacManus-Driscoll, J, Zerrer, P, Wang, H, Yang, H, Yoon, J, Fouchet, A, Yu, R, Blamire, MG and Jia, Q, Nature Mater 7, 314 (2008).

② Esaki, L, IEEE Journal of Quantum Electronics 22, 1611 (1986).

③ 有关启发性的评论,请参见 Meyers, M A, Mishra, A and Benson, D J, Prog. Mat. Sci. 51, 427 (2006)。

构①。纯金的简单例子表明，随着材料的尺寸减小到纳米级，其受表面原子的影响越来越大，性质变得与尺寸相关。

当金的尺寸达到纳米级时，它的性质还会发生其他有趣的变化。其中之一是它的化学反应性。金是一种"高贵的"金属，因为它不会与氧气发生反应，也不会在潮湿的空气中被腐蚀。然而，人们已发现负载在选定氧化物颗粒上的直径小于 5 nm 的金颗粒是某些化学反应的极好催化剂②。此外，根据金颗粒的形状和大小③，金纳米颗粒悬浮液在水中的颜色可能是红色、橙色或蓝色。这些迹象表明金纳米颗粒的电子特性与大块样品的电子特性不同。

费曼指出，当一个颗粒的大小接近原子尺度时，它的性质更加明显地由量子物理学决定。8.3.1 节提到的一个很好的例子是，随着原子光滑的金属线变窄，电子输运经历了从扩散输运到弹道输运的转变，以及随之而来的电导量子化。在本章中，我们将介绍纳米材料源于量子物理学的其他特性。

7.3 量子点

量子点是直径通常为几纳米的小晶体。量子点中的电子被限制在晶体的小体积内。它的量子态可以被限制在代表粒子内无限深三维势阱中的电子来近似确定。这被称为箱中粒子模型，其中箱是势阱。求解被限制在立方体中的粒子的薛定谔方程是本科生的标准练习。限制在边长 L 的立方体内的电子的能量如下：

$$E(n_x, n_y, n_z) = \frac{h^2}{8mL^2}(n_x^2 + n_y^2 + n_z^2), \qquad (7.1)$$

其中 n_x、n_y、n_z =1，2，3，4，…，m 是电子的质量。能级是量子化的，因为它们由数字 n_x、n_y、n_z 确定，可以只假设为整数值。能级与 $1/L^2$ 成比例。随着 L 的减小，连续量子化能级之间的间隔增大。这个简单的模型忽略了量子点内的电势变化，也忽略了电子之间的相互作用，然而它能成功地捕捉实验观察到的东西，尤其是当质量 m 被有效质量取代时。

对于给定体积的量子点，能级对其形状很敏感，因为其形状决定了薛定

---

① 金纳米颗粒似乎保留了与大体积金基本相同的晶体结构，直径小至 3 nm。但随着尺寸的减小，它们显示出越来越多的局部无序结构。Petkov, R, Peng, Y, Williams, G, Huang, B, Tomalia, D, and Ren, Y, Phys. Rev. B 72, 195402 (2005)。

② Haruta, M, Catalysis Today 36, 153 (1997)。

③ 法拉第通过用磷还原氯化金水溶液首次发现。见 Faraday, M, Phil. Trans. R. Soc. 147, 145 (1857)。

谔方程中波函数必须满足的边界条件①。

方程（7.1）中的每个可用能级最多可以被两个电子占据，一个自旋向上，另一个自旋向下。因此，每个量子能级都由四个量子数表征：n_x、n_y、n_z、s，其中 s 标记自旋，要么"向上"，要么"向下"。一些能级是简并的，这意味着它们具有相同的能量，但三个整数 n_x、n_y、n_z 的集合不同。例如，具有 $(n_x, n_y, n_z) = (2,1,1), (1,2,1), (1,1,2)$ 的能级是简并的。

方程（7.1）中能级的离散性表明，当一个电子从一个以量子数 $(n_{x1}, n_{y1}, n_{z1}, s)$ 表征的量子能级移动到另一个以 $(n_{x2}, n_{y2}, n_{z2}, s)$ 表征的量子能级时，转换过程中涉及的能量是有限的。为了使转换成为可能，泡利不相容原理要求能级 $(n_{x2}, n_{y2}, n_{z2}, s)$ 在尝试转换之前不被占据。

我们已经注意到，在这个模型中，量子点内电子感受到的电位为零。这意味着在量子点内部，电子是自由的，它们不与任何特定原子结合。如 6.5 节所述，该模型是对自由电子金属（如铝）的合理描述。

实际上，量子点由硅、锗、氧化锌、磷化铟和砷化铟等材料制成。在块体形式中，这些材料的整体形式是半导体，其满价带与空导带之间被能隙隔开（见 6.5 节）。在一立方厘米的这些材料中，价带和导带中的状态数为 10^{23} 阶。因此，每个能带中连续能级之间的能量差可以忽略不计，并且每个能带中作为能量函数的能级实际上是连续的。

然而，随着晶体尺寸减小到纳米级，价带和导带中的能级变得离散，如方程（7.1）所示。同时，价带和导带的宽度略有减小。因此，最高占据轨道和最低未占据轨道之间的差距 Δ 略有增大，如图 7.1 所示。

如果一个电子从最高占据轨道被激发到最低未占据轨道，它将留下"空穴"——一个缺失的电子。纳米晶体是电中性的。由于被激发的电子带负电，它留下的空穴必须带正电，以保持电荷中性。带相反电荷的电子和空穴相互吸引，它们一起形成"激子"。纳米晶体屏中的其他电荷受被激发电子与其空穴之间的静电吸引力而减少。但它们并没有完全消除它，而且纳米晶体的小尺寸阻止了电子和空穴分离太远。激子具有负能量，因为要分离电子和空穴需要做功来克服它们之间的相互吸引。所以，当电子从最高占据轨道被激发到最低未占据轨道时，激子的能量 $E_{exciton}$ 略小于 Δ。由此可见，电子和空穴复合时发出的光频率由 $h\nu_{out} = E_{exciton}$ 确定。通过小心控制纳米晶体的尺寸和形状，我们可以使激子能量与不同颜色的光相对应。

---

① 我所著的《材料的电子结构》一书中第 247 页第 28 题比较了具有相同体积的立方量子点和球形量子点的能级。

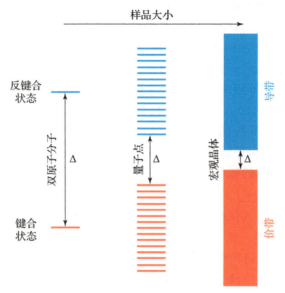

图7.1 半导体能级随样品大小变化的示意图。Δ 是最高占据轨道和最低未占据轨道之间的能量差。对双原子分子而言，Δ 是成键轨道和反键轨道之间的能量差。对宏观晶体而言，Δ 是带隙能量，能级连续分布在价带和导带中。因为量子点 Δ 介于这两个极限之间，它的能级被有限的能量隔开，因此它们是"离散的"。

量子点中的电子可以被包含一个连续频率谱的白光照射激发。如果照射光包含由 $h\nu_{in} = E_2 - E_1$ 给出的频率 ν_{in}，则处于能量 E_1 的占据轨道的电子可以被激发到能量 E_2 的未占据轨道。能量差 $E_2 - E_1$ 大于激子能量，因此发射光的频率低于 ν_{in}。能量 $h\nu_{in} - h\nu_{out}$ 是正的，它要么通过激发原子振动转化为热量，要么作为红外线辐射发射。吸收高频光而发射低频光的过程称为荧光。

量子点已在纳米技术中得到广泛应用[1]。科学家们还发现了它们在医学上的应用，如用于输送药物和成像[2]。很明显，量子点的形状和大小以及它们化学成分的可变性必须受到限制。控制量子点大小、形状和成分最成功的方法之一是使用胶体化学来合成它们[3]。

7.4 催 化

催化剂可以提高化学反应的速率而不被消耗。有时，相同的反应物使用

---

[1] 例如 *The many aspects of quantum dots*, Nature Nanotech 5, 381 (2010)。

[2] 例如 Parveen, S, Misra, R, Sahoo, S K, Nanomedicine：Nanotechnology, Biology and Medicine 8, 147 (2012)。

[3] Kovalenko, M V, Liberato, M, Cabot, A et al., ACS Nano 9, 1012 (2015)。

不同的催化剂会产生不同的反应产物。催化剂的选择性是目标产物的产量与非目标产物的产量之比，其中产量以摩尔计量。例如，一氧化碳（CO）和氢气（H_2）之间的反应。如果反应是用镍催化剂进行的，则产物是甲烷（CH_4）和水。但如果反应是用锌/铜催化剂进行的，则产物是甲醇（CH_3OH）。纳米晶体的形状和尺寸影响其作为催化剂的反应性和选择性。形状决定了哪些晶面位于表面。它还决定了催化剂边缘和角落的排列，这些边缘和角落可能是发生反应的特殊部位。

通过使用溶液化学技术，我们可以在金属纳米晶体的生长过程中控制其形状和尺寸[1]。这使人们可以对贵金属催化剂的反应性与其形状和尺寸之间的关系进行一些深入的研究[2]。然而，化学是高度具体的，它很难得出一般性的结论。

7.5 巨磁电阻

7.5.1 磁性的起源

在描述巨磁阻效应之前，我将概述磁性的起源。磁场是由移动电荷产生的，就像电流沿着电线流动一样。设想一个面积为 δA 的非常小的导线环，其中载有电流 I。与该环相关的磁偶极矩的大小由 $I\delta A$ 定义。永磁体的磁化强度定义为单位体积上的磁偶极矩。小载流回路产生的磁场相当于体积为 δV 的小永磁体磁场，其中磁化强度为 $I\delta A/\delta V$。

设想在圆形轨道上质量为 m 的单点电荷 q 的磁偶极矩。"电流"是电荷 q 除以电荷绕轨道一圈所用的时间。如果 r 是轨道的半径，v 是电荷的速度，那么所用时间是 $2\pi r/v$。电流为 $qv/(2\pi r)$。轨道面积为 $\delta A = \pi r^2$。因此，轨道电荷的磁矩为 $qvr/2$。电荷的角动量大小为 $L = mvr$。所以，轨道电荷的磁矩为 γL，其中 $\gamma = q/(2m)$ 称为旋磁比。这是基于经典物理学的简单推导。关键是轨道电荷的磁矩与其角动量之间存在密切联系，这一点在量子理论中得到了延续。这也是经典物理学能提供给我们的极限，因为只有在量子理论中我们才能理解磁性。

在量子理论中，角动量是量子化的，因此它只有某些离散值。除了围绕原子核轨道运动产生的角动量外，电子还有由其自旋产生的角动量。电子自旋的存在是相对论量子理论的成果。量子理论表明，电子自旋的旋磁比是其

---

[1] Xia, Y, Xiong, Y, Lim, B, Skrabalak, S E, Angewandte Chemie 48, 60 (2009).
[2] Du, Y, Sheng, H, Astruc, D and Zhu, M, Chem. Rev. 120, 526 (2020).

轨道运动的两倍，即 e/m，其中 e 是电子电荷的大小。它的总角动量是轨道角动量和自旋角动量的总和，因为角动量是一个向量，所以还需将它们的方向和大小纳入计算。原子中电子的合成角动量是它们各自角动量的矢量和。基于每个电子的磁矩与其角动量之间的线性关系，原子的总磁矩是原子中每个电子的磁矩的矢量和。量子理论还表明，已填满壳层中电子的角动量加起来为零。因此，只有未填满壳层中的电子，也就是是价电子对原子的磁矩有贡献。例如，惰性气体原子就没有永久磁矩，这是因为它们没有未填满的电子壳层。

在晶体中，轨道角动量经常被"淬灭"。它对晶体中电子角动量的贡献为零，总角动量仅由电子自旋角动量的贡献决定。过渡金属就是这种情况。淬灭的原因是原子在晶体中的环境对称性与自由原子的球对称性相比发生了变化。当晶体中原子位置的旋转对称性减弱时，轨道角动量的所有分量可能平均为零，尽管总轨道角动量可以非常精确地守恒。由于轨道角动量在任何特定方向上的分量平均为零，它对总磁矩的贡献也为零。

大多数自由原子具有永久磁矩。这是因为自由原子中价电子之间的交换相互作用有利于它们的自旋平行排列。这是洪特规则的基础。在这种情况下，泡利不相容原理使电子之间的距离比它们在原子内部的距离更远，因此减小了它们的静电排斥力，从而降低了自由原子的总电子能量。

当原子聚集在一起并形成电子能带时，相邻原子上电子之间的相互作用交换有利于它们的自旋平行。它与有利于反平行自旋的电子动能竞争。如果交换能量足够大，则材料会像铁一样具有铁磁性。这仅发生在较窄的能带中，如过渡金属中的 $3d$ 能带。在室温下，只有铁、钴、镍和钆元素是铁磁晶体[①]。在这些金属中，低于临界温度（称为居里温度）的 $3d$ 电子的自旋会自发平行排列。因此，铁磁材料具有低于居里温度的永久磁化强度，就像熟悉的铁磁体一样。热搅拌降低了自旋平行排列的程度。在居里温度以上，永磁化消失，这因为电子自旋的方向不在几个原子距离上平行。不过在居里温度以上，原子仍然具有磁矩，但熵已经取代了它们，其不再在显著距离上平行。那么材料的状态就是顺磁性的。

铁磁性的出现是由于金属中的大部分电子具有同一个自旋，而少数电子具有相反的自旋。金属的磁化强度与单位体积内多数自旋的电子数和少数自旋的电子数之差成正比。在我们施加磁场之前，磁化的方向并不是唯一定义的。在绝对零度，多数自旋与磁场平行，少数自旋与磁场反平行。如果磁场的方向反转，则多数自旋的电子和少数自旋的电子会翻转，磁化方向也会反

---

① 对于钆，居里温度为 20 ℃，因此它是否包含在列表中取决于"室温"的定义。

转。多数自旋电子和少数自旋电子的费米能量相同。它是占据轨道的最高能量，并且在整个金属中是相同的。

图 7.2 显示了铁和镍中每个原子上多数自旋和少数自旋价电子的态密度。态密度告诉我们具有特定自旋的电子状态的数量如何随级的能量变化①。特定能量的态密度越大，意味着处于该能量的能级越多。在非磁性材料中，任一自旋状态的态密度都是相同的。零点能量是任意的，在图 7.2 中它等于费米能量。能量低于费米能量的轨道被占据，高于费米能量的轨道未被占据②。每个具有特定自旋的原子的价电子总数就是态密度曲线下费米能量的面积。每个原子多数自旋和少数自旋价电子的计算数分别为铁的 5.14 和 2.87 以及镍的 5.31 和 4.69。铁和镍的多数自旋和少数自旋数之间的差分别为 2.27 和 0.62。这些计算值与 2.2 和 0.6 的实验观察值能够较好地吻合。请注意，每种金属中的多数载流子和少数载流子在费米能量下的态密度是不相等的，并且少数自旋与多数自旋相比，其在费米能量以上的能级更多。

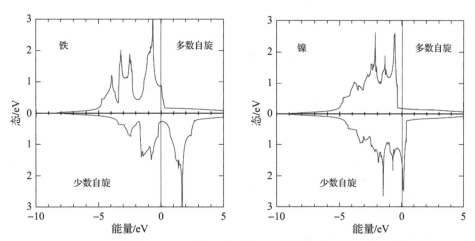

图 7.2 计算铁和镍的多数电子自旋和少数电子自旋的态密度与电子能量的关系（以 eV 为单位）。费米能量为 0 eV。假设体心立方铁和面心立方镍的晶格常数分别为 2.87 Å 和 3.52 Å。由托尼·帕克斯顿教授在局部自旋密度近似中使用密度泛函理论计算得出。U von Barth and L Hedin, *J Phys C: Solid State Phys.* 5, 1629（1972），由以下修改：V L Moruzzi, J F Janak and A R Williams, *Calculated electronic properties of metals*, Elsevier（1978）。

在宏观铁磁体中，磁化强度不是处处相同的，因为宏观铁磁体中存在着方向改变的磁畴。磁畴的存在降低了磁场中存储的能量。但是相邻磁畴之间

---

① 回想一下，"价"电子是原子部分占据的壳层中的电子。在满壳层中，每次自旋的电子数是相等的。因此，我们只需要考虑价电子就可以了解铁磁性的来源。
② 严格来说，这仅在绝对零度下才成立，但在室温下它是一个非常好的近似值。

的边界有能量消耗,这两种能量之间的权衡决定了磁畴的平均大小。如前所述,铁磁体的一个关键特性是可以通过改变外部磁场的方向来改变磁化方向。在宏观铁磁体中,这是通过磁畴边界的移动来实现的,这样那些磁化方向更接近磁场方向的磁畴会以牺牲其他磁畴为代价而增长。磁畴的存在及其相关的能量和移动性是材料科学多尺度性质的又一个例子。

7.5.2 铁磁金属中的磁阻

设想只有一个磁畴金属的铁磁状态。1936 年,内维尔·莫特对观察到的铁磁金属电阻率在居里温度下随温度变化的现象进行了简单的解释[①]。载流电子从电池注入金属。其中一半可看作与金属的磁化平行,而另一半则反平行。它们都在金属中遇到散射中心,如振动原子和结构缺陷。载流电子的自旋在散射过程中不太可能发生变化。因此,可以将自旋平行和自旋反平行的载流电子很好地近似为两个独立的流。对于一个被散射的电子,泡利不相容原理要求它在被散射后,金属中有一个可以接收它的空电子轨道。由于电子的自旋在散射后不太可能发生变化,因此接收它的未占据轨道很可能必须具有相同的自旋。如果自旋反平行的费米能级上有更多的未占据轨道,那么自旋反平行的载流电子比自旋平行的电子散射更多,反之亦然。因此,铁磁体中自旋平行和自旋反平行的载流电子的电阻不同。

7.5.3 巨磁阻效应

计算机硬盘存储和检索以二进制格式编码为"位"的信息,每个"位"都是 1 或 0。每一位信息占据磁盘上的一个小区域,该区域以两种可能的方式磁化,一种对应"1",另一种对应"0"。信息通过"写入磁头"传输到磁盘,当磁盘在写入磁头下旋转时,写入磁头中的电流脉冲对磁盘区域进行磁化。信息通过"读出磁头"的电流变化从磁盘中检索。当旋转磁盘的磁化区域通过读出磁头下方时,它们会改变读出磁头中的磁化强度。磁阻的相关变化会改变流过读出磁头的电流。电流的变化被转译为 1 和 0,从而使二进制信息被检索。

为了在给定大小的硬盘上存储更多信息,分配给每一"位"的区域必须缩小。但随之而来的是与每个磁化区域相关的磁场也会减弱。除非提升读出磁头的灵敏度,否则检测出这些较弱的磁场将变得更加困难。这就是巨磁阻(GMR)效应促成的。

GMR 于 1988 年由艾尔伯·费尔和彼得·格林贝格尔独立发现,彻底改

---

① Mott, N F, Proc. R. Soc. Lond. A 153, 699 (1936).

变了硬盘的磁信息存储技术。费尔和格林贝格尔因其发现获得了 2007 年的诺贝尔物理学奖。他们的工作还为自旋电子学领域带来了新的动力。在自旋电子学中，电子自旋用于在纳米级设备中携带和存储信息。

在其最简单的结构中，GMR 效应由一个薄的非磁性（如铬）层夹在两个铁磁性（如铁）层之间组成，如图 7.3 所示。这些层的厚度只有几纳米。它们是利用分子束外延在砷化镓单晶衬底上一个原子层一个原子层地生长出来的。电流在上表面的端子之间通过，从而流经各层，如图 7.3（a）所示。

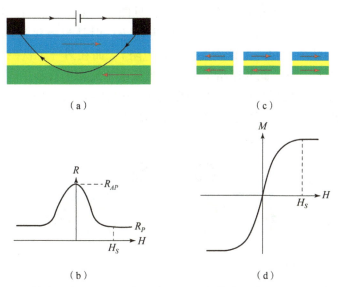

图 7.3 GMR 效应示意图。(a) 载流电子（黑色箭头）穿过由一个非磁性层（黄色）隔开两个铁磁层（蓝色和绿色）组成的三层电阻。红色箭头显示每个铁磁层中的磁化强度。在没有外加场的情况下，磁化强度是反平行的。(b) 三层的电阻 R 作为外加磁场 H 的函数。R_{AP}（R_P）是当磁化为反平行（平行）时的电阻。H_S 是饱和磁场。(c) 饱和时（左和右）和无外加场时（中）的磁化配置。(d) 三层电阻的磁化强度 M 作为外加磁场 H 的函数。

在没有外加磁场（$H=0$）的情况下，铁磁层中的磁化强度彼此相反。这是磁性层之间通过中间非磁性层耦合的结果。这种耦合源于量子力学。它的符号随非磁性层的厚度而变化，因此在没有外加磁场的情况下，铁磁层中的磁化强度也可以相同。仅当耦合导致铁磁层中的磁化强度反平行时，GMR 效应才存在。

图 7.3（b）给出了三层电阻随外加磁场的变化的示意图。在没有外加场的情况下，电阻为 R_{AP}。外加磁场使磁化强度相同时，电阻下降到 R_P。图 7.3（c）显示了在零施加场和饱和施加场（H_S）时三层电阻中的磁化强度。三层电阻的最终磁化强度如图 7.3（d）所示。电阻 $R_{AP} - R_P$ 与 R_P 的变化量之比

通常是这种效应的表现特征。因为这种效应的幅度比由磁场引起的磁阻变化大得多，所以它被称为"巨"。

GMR 效应的解释[①]如图 7.4 所示。援引莫特的论点，假设自旋与磁化强度反平行的电子的散射概率大于自旋平行于磁化强度的电子的散射概率。我们会发现，如果上述两种电子散射概率大小翻转，那么这个论点仍然成立。该论点仅取决于两种自旋状态的散射概率是否不同。

当铁磁层中的磁化强度平行时，具有多数自旋的载流电子通过三层电阻，在每个铁磁层中仅遇到相对较小的电阻 r，见图 7.4（a）。然而，具有少数自旋的电子在每个铁磁层中都遇到较大的电阻 R。但是当磁化强度反平行时，具有任一自旋的电子在一个铁磁层中遇到电阻 r，而在另一个铁磁层中遇到电阻 R，见图 7.4（b）。此处还给出了两个载流电子流在平行和反平行磁化组态的等效电阻组态。反平行组态的总电阻为 $R_{AP}=(R+r)/2$，平行组态中的总电阻为 $R_P=2Rr/(R+r)$。只要 R 和 r 不同，R_P 总是小于 R_{AP}。总之，只要载流电子遇到取决于其自旋状态的电阻，三层电阻中总是存在磁阻效应。

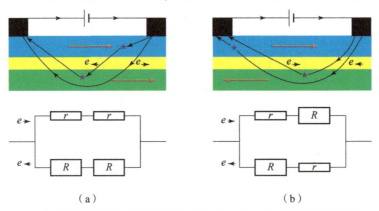

图 7.4 GMR 效应的解释。紫色星星表示散射。（a）磁化强度是平行的。自旋平行于磁化强度的载流电子在铁磁层中遇到小电阻 r。但是那些与磁化强度反平行的载流电子在每个铁磁层中遇到更大的电阻 R。（b）磁化强度是反平行的。任一自旋的载流电子都遇到电阻 $R+r$。假设 $R\neq r$，平行磁化组态的电阻 $2Rr/(R+r)$ 始终小于反平行组态的电阻 $(R+r)/2$。

将这一基本发现转化为商业产品只用了不到十年的时间。它使存储在硬盘上的信息密度急剧增加。GMR 的读出磁头现在已被基于隧道磁阻效应的磁隧道结所取代。顾名思义，磁隧道结是基于量子力学的隧穿效应，电子可以隧穿穿过分隔两个铁磁层的狭窄绝缘层隧道。同样地，当铁磁层中的磁化强度反平行时，电阻更大。

---

① 以此为基础：Tsymbal, E Y and Pettifor, D G, Solid State Physics 56, 113 (2001)。

7.6 结束语

在本章中，我们研究了由电子量子行为产生的纳米尺度材料的一些性质。这些都是纳米科学的成熟领域，引发了技术的重大进步。纳米科学还有很多其他领域。它们都通过巧妙的方法，在这些微小尺度上以非常可控和可复制的方式来合成材料。我们在原子尺度下对物质的观测和表征方面取得了惊人的进展。自 20 世纪 80 年代末以来，纳米尺度的材料科学也从基于量子力学［主要是密度泛函理论（DFT）］的原子尺度材料模型软件的使用中受益。

延伸阅读

Wolf, E L, *Nanophysics and Nanotechnology*, 2nd edition, Wiley-VCH (2009).

Benelmekki, M, *Nanomaterials: The Original Product of Nanotechnology (IOP Concise Physics)*, Morgan Claypool (2019).

Stevens, S Y, Sutherland, L M and Krajcik, J S, *The Big Ideas of Nanoscale Science and Engineering – A guidebook for secondary teachers*, National Science Teachers Association (2009).

第八章
集 体 行 为

有能力将一切都简化为基本定律并不意味着有能力从这些定律出发重建宇宙。当面临规模和复杂性的双重困难时，建构主义的假设就失效了。事实证明，基本粒子大而复杂的集体行为不能根据几个粒子特性的简单外推来理解。相反，在每个复杂层次上都有全新的属性出现，并且需要对新行为的理解进行研究，我认为这在本质上与其他任何研究一样重要。心理学不是应用生物学，生物学也不是应用化学。它不仅仅是整体数量上变得更多了，与各部分的简单加和大不相同。

——摘自 P. W. 安德森，《多即不同》，《科学》177，393（1972）。经 AAAS 许可转载。

8.1 概　　念

材料科学跨越空间尺度和时间尺度。在每一个更大的尺度上，新的基础科学都从粒子或其他小尺度实体的集体行为中产生。

8.2 多尺度特征

过去五十年来，材料科学的主要趋势之一是研究越来越小的样品。这使纳米科学——亚微米级材料的研究——快速发展。我们已经开发了许多实验技术在原子尺度上考察材料的结构和化学键。与此同时，随着理论、软件和计算机的进步，仅用量子力学和电动力学的基本定律就可以对原子进行建模。正如第七章所讨论的，这些实验和计算方法在研究相同尺度材料方面的能力促进了材料纳米科学显著的协同进步。

这种材料科学的简化论方法经常被应用于理解宏观材料的特性和过程。它似乎源于一种信念，即只有在原子尺度上研究材料，才能完全理解材料的过程和性质[1]。

材料的许多特性和过程都涉及一系列多尺度的物理学。在每个尺度上都会出现新物理性质。一位优秀的材料科学家会采取整体视角，考虑所有相关的尺度。主要目标是了解一个尺度上的物理性质是如何影响其他尺度上的物理性质的。

大量原子团，如 10^{18} 个原子，最显著的特征之一，是表现出小数原子团没有的新特性和过程。如果系统的组成部分没有显示系统的某个属性，则该属性是一个涌现特性。铁电晶体自发电极化是晶体的一种涌现特性，因为组成它的原子在孤立时不会被极化。在更大的尺度上，铁电晶体的静电能和弹性能变得很重要。它们的最小化导致由磁畴界壁分隔的极化改变方向区域的出现。磁畴界壁的迁移率决定了在外加电场时晶体整体极化的难易程度。每个尺度上的涌现特性和过程都引入了新物理性质。

设想有一个强度变量温度、压力和化学势都确定的开放热力学系统中的晶体材料。晶体的某些性质仅取决于晶格重复单元中相对少量原子的位置和原子序数以及晶格的结构。这些性质包括化学键和内聚能、弹性常数、原子振动光谱、自发电和磁极化、电导率和磁化率、磁致伸缩和电致伸缩常数、光吸收和发射等。它们都是涌现特性，因为其本身不是组成晶体的原子的性质。它们是由量子力学和电动力学的基本定律决定的，这些定律适用于在整个空间里重复的晶胞中相对较小的原子团。

晶体中也存在涉及一系列尺度的过程，每个尺度都会出现新物理性质。例如，永久（塑性）变形、蠕变、辐照损伤、相变、烧结、凝固和铸造、再结晶和恢复过程、腐蚀、摩擦、断裂和疲劳。这些过程会影响材料的硬度和强度、脆性和延展性、成型性和耐久性、导电性和导热性以及热力学稳定性等。它们都涉及晶体缺陷。原子间的相互作用仍然是相关的，这是因为它们控制原子结构和缺陷的内在迁移率。新物理性质包括弹性、扩散和长程静电场，它们描述了晶体缺陷在远大于原子尺度距离上的相互作用和迁移。

缺陷之间以及与外部载荷之间的长程相互作用是由弹性场介导的。在绝缘材料中，带电缺陷也会发生静电相互作用。缺陷之间的弹性相互作用理论是从许多原子的集体行为中出现新物理性质的一个例子。虽然原则上缺陷之间的弹性相互作用受相同的量子力学和电动力学基本定律支配，但如果仅用这些基本定律来模拟百万亿个原子之间的相互作用，即使可以做到，这也是一项毫无意义的任务。因为从模拟结果中提炼出新物理性质也非常困难。仅

---

[1] 气体动力学至少在一定程度上证明了这种信念。在气体动力学理论中，统计物理学被应用于构成气体的原子或分子，以解释它们的宏观性质。但即使在气体中，新的物理性质也会出现在更大的尺度上，比如湍流。

从基本定律角度思考会将新物理性质隐藏在大量不相关的细节之下。相反，弹性理论为缺陷之间的远程相互作用提供了清晰的描述，而这通常不需要计算机。

在下一节中，我们将讨论三个熟悉的示例，其中原子尺度的物理学总是很重要的，但想要完整地理解它们还需要涉及更大尺度上的物理学。

8.3 三个涉及多尺度的示例

8.3.1 电子传导

尽管铝在室温下是一种非常好的电导体，但它的电阻率不为零。如 3.5 节所述，传导电子被原子振动和结构缺陷散射。在这些散射事件之间，传导电子以大约 1% 的光速传播。连续散射事件之间的平均距离称为平均自由程，由于被原子振动散射的概率增加，它会随着温度的升高而减小。传导电子也因空位、杂质、位错和晶界等缺陷而散射。这种散射使传导电子以扩散方式沿着导线传播，其漂移速度比散射事件之间的速度小许多个数量级。这是欧姆定律背后的物理原理，我们只能在能够表现出所有这些散射机制的足够大的样品中看到它。

利用纳米技术可以使金属丝更短更细，并将其连接到电极上。同时，温度可以降低到低温水平。金属丝的长度可以显著小于原子振动散射的平均自由程。现在，传导电子能够以大约 1% 的光速穿过导线，这被描述为弹道输运。这些传导电子的输运机制从欧姆定律的经典物理学转变为将它们视为波的量子物理学。当导线为原子级光滑并且没有内部缺陷（如空位）时，它的行为就像一个波导管一样。其电导是由导线最窄部分所能容纳的电子横模的数量，以及在费米能量下可以进入的载流电子数量共同决定的。每个开放通道对电导的贡献为 $2e^2/h = 7.75 \times 10^{-5} \, \Omega^{-1}$，其中 e 是电子上的电荷，h 是普朗克常数。电导已经量子化，并且独立于金属。当电子以弹道方式输运时，电阻率和欧姆定律不再适用。

电子传导是金属的定义属性。但它只有在金属处于凝聚态（即固态或液态）时才会出现。很明显，当铝原子相距很远时，如在稀薄的蒸气中，电子不能像在凝聚态中那样从一个原子转移到另一个原子。原因很简单，每个铝原子的外层电子受第一电离能约束，即每个原子 578 kJ·mol^{-1} 或 5.99 eV。如果一个电子被添加到中性铝原子中，每个原子会释放 43 kJ·mol^{-1} 或 0.45 eV 能量。因此，要在两个相互孤立的中性铝原子之间转移电子，每转移一个电子需要 535 kJ·mol^{-1} 或 5.54 eV。这比正常实验室条件下能够提供的热能要多得多，所以这种转移不会发生。

当铝结晶时，它是良导体。在室温和常压下，铝晶体中的原子相距大约 0.286 nm。设计这样一个思维实验，我们以稳定的速度扩展铝的晶格，使最近相邻原子之间的距离从 0.286 nm 稳定地增加到 1 m。毫无疑问，当我们达到 1 m 的距离时，铝晶体不再导电。在这个过程中的某个时刻，晶体经历了从金属导体到绝缘体的转变。在原子的特定分离处，转变发生得非常突然。随着原子之间距离的增加，原本能够从一个原子自由移动到另一个原子的电子变得越来越局限于离子核心。将电子从一个原子转移到另一个原子的势垒在宽度和高度上增加了。只要势垒不太宽，电子就可以通过量子隧穿①穿过势垒发生转移。这是一个合作的过程。当电子可以隧穿时，它们有助于屏蔽其他电子与其离子核心之间的相互作用。屏蔽量取决于原子之间电子隧穿的难易程度，而隧穿的难易程度取决于屏蔽量。当晶体膨胀时，这种协同行为导致从金属到绝缘体的突然转变。

图 8.1 显示了在 1 mK 温度下，硅中的金属–绝缘体突变与磷掺杂的函数关系。磷有五个价电子。当它占据硅的取代位时，磷原子的五个价电子中只有四个与四个相邻的硅原子成键。在低温下，第五个电子进入半径约为 2.5 nm 的类氢轨道，其与 P^+ 离子核心的结合能约为 0.045 eV。在 1 mK 的温

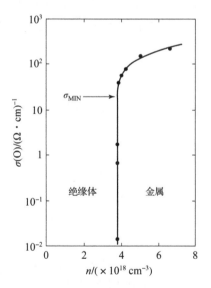

图 8.1　在 1 mK 温度下，硅中的金属–绝缘体突变与磷掺杂的函数关系。该图显示了电导率与磷掺杂量的关系。图片经许可转载自 Rosenbaum, T F, Andres, K, Thomas, G A and Bhatt R N, Phys. Rev. Lett. 45, 1723 (1980)。版权所有 (1980) 美国物理学会。

---

① 量子隧穿在 6.6 节和 6.8 节中进行了描述。

度下，第五个电子与离子核心结合。在 3.8×10^{18} cm^{-3} 的浓度中，会发生从绝缘行为到金属行为的突然转变。该浓度下，相邻 P 原子的类氢轨道重叠。然后，电子可以从一个离子隧穿到下一个离子，并屏蔽电子和 P$^+$ 离子核心之间的相互作用，释放出轨道上的电子。释放出来的电子越多，屏蔽的力度就越大。

这个思维实验解释了为什么一些被预测为应该有金属导电性的材料，特别是过渡金属氧化物，实际上是绝缘的。标准"能带理论"[①] 预测它们是金属性的，因为其没有考虑将电子从一个原子转移到另一个原子所需的能量。在某些情况下，这种能量可以忽略不计，因为电子屏蔽是有效的，于是理论正确地预测了材料是金属性的。但在其他情况下，原子轨道没有充分重叠以实现有效屏蔽。该理论错误地预测该材料是一种金属，而实际上它是一种良好的绝缘体。

这个例子说明长度尺度对金属中电子的传导机制，甚至对材料是金属还是绝缘体都有影响。

8.3.2 塑性变形

在 4.4 节中，位错被确定为塑性变形或不可逆变形的媒介。位错的弹性场使它们能够在贯穿整个宏观样品的距离上相互作用。在 1 cm^3 严重变形的金属中，可能有 10^{12} cm 的位错线，这相当于 10^{12} 个位错穿过 1 cm^2。这相当于 1 cm^3 严重变形的金属中有 10^{10} m 的位错线。如果将它们首尾相连，可以往返月球 13 次。在塑性变形过程中，它们将自身组织成细胞式的结构，细胞壁由位错缠结组成，细胞内部没有相对位错。位错位置也在短距离内相互作用，形成进一步滑移的障碍，从而导致加工硬化。在加工硬化时，维持塑性变形需要的应力随塑性变形量的增加而增大。材料中存在的其他相的粒子会阻碍位错运动，因为位错要么必须环绕它们，要么穿过它们。

L. M. 布朗提出了一个特别有趣的想法[②]，以了解金属的加工硬化状态。他认为金属达到了一种自组织临界状态，在这种状态下，样品中的任何地方都可能发生雪崩式的局部滑移，并且在没有任何位错运动的情况下增加应变，直到系统再次达到临界状态。他提出的这种状态使他将塑性变形描述为"持续间歇性"的。类似想法也被提出用来描述地震，其中有一些明显的相似之处。

塑性变形中位错的产生和相互作用是由弹性和原子相互作用引起的。

---

① 能带理论在 6.5 节中进行了讨论。
② Brown, L M, Philosophical Magazine 96, 2696 (2016).

缺陷之间的弹性相互作用理论是从大量原子的集体行为中引出新物理性质的典型范例。由位错自组织进入临界状态而产生的塑性变形的间歇性也是新物理性质，只不过它仅在更大的尺度上出现。原子尺度也是与塑性变形相关的，因为它决定了位错的内在迁移率、它们在短距离上的相互作用，以及我们没有提到的其他重要因素，如滑移面中可能存在的亚稳态断层。塑性变形的多尺度性质涉及大量柔性的、可移动的、相互作用的线缺陷的集体行为，这使它成为整个经典物理学中最困难和最难以理解的现象之一。

8.3.3 断裂

断裂是将样品或组件分成两个或多个部分。有多种机制，但它们通常涉及裂纹的成核和扩展。断裂的物理性质跨越多个长度尺度。

纯脆性断裂是一种理想化的断裂，因为它非常缓慢、可逆并且没有以热量形式耗散的能量。设想一个在其外部施加恒定载荷的物体。在纯脆性断裂中，使裂纹扩展所需的能量有两个组成部分。第一个是形成的两个新表面所需的能量。第二个是由于裂纹的扩展而增加的整个物体的弹性能。在恒定的施加载荷下，由于物体柔性增大，其弹性能随着裂纹的扩展而增加。这两种能量的总和必须由外部载荷装置所做的功来提供，否则裂纹会因闭合而收缩。这是格里菲斯关于脆性裂纹扩展的论述。我们看到它涉及整个物体的弹性能、外部载荷装置的势能，以及裂纹尖端的原子键断裂而产生的裂纹表面。它显然是多尺度的。

实际发生的断裂几乎总是伴随着某种程度的塑性变形和能量耗散，因此裂纹扩展总是不可逆的，它比纯脆性断裂消耗更多的能量。载荷裂纹尖端附近的应力远大于远离裂纹的应力。晶体材料中，裂纹附近的位错源可能会被激活，位错可能会从裂纹尖端释放出来。

一些被称为"屏蔽位错"的位错会远离裂纹尖端并屏蔽所施加的载荷，从而使裂纹尖端处的键受到的应力较小。这种位错活动使材料断裂所需的功增加。作用在裂纹尖端原子间键上的局部力取决于裂纹前面的位错活动以及外部载荷。现在，裂纹扩展物理学涉及与裂纹前位错活动相关的尺度。

在韧性金属中，断裂是由裂纹前空隙的成核和生长引起的。裂纹通过与空隙连接而扩展。空隙可以通过颗粒周围界面的解聚在其他相的颗粒上成核。在纯韧性金属中，空隙在其他应力集中处成核，如高位错密度区域。

一些结晶材料随着温度的升高经历从低温下脆性行为到高温下韧性行为的转变。这种脆性到韧性的转变发生在位错运动被热活化的晶体中，并且这种转变与在转变温度下裂纹尖端附近和裂纹尖端处的位错源的活化有关。在某些材料（如硅）中，转变非常突然，因为材料中的位错源相对较少。泰坦尼克号的沉没就是其钢制船体从韧性到脆性转变的结果①。在北大西洋冰冷的海水中，钢铁变为脆性的。当船撞到冰山时，船体破裂，而不是通过塑性变形吸收冲击能量。

在多晶材料中，裂纹可能沿着晶界而不是通过晶粒内部传播。某些元素的原子可能通过向晶界偏析和削弱晶界间的键合来促进晶界断裂。在钢中，锑、锡、硫和磷的偏析可能导致这种晶间脆化。相反，钢中的碳和硼增强了晶界的凝聚力。要理解为什么一些元素会削弱晶界的凝聚力，而另一些元素会增强它，这涉及这些元素带来的晶界原子和电子结构的变化。键的断裂和与相邻原子重组的难易程度可能与键的强度一样重要，因为前者与位错释放有关。

我们已经提到，空隙可以通过颗粒周围界面的解聚在其他相的颗粒上成核。更一般地来说，裂纹在应力集中时成核，如晶界处的位错堆积。

断裂涉及的物理性质是多尺度的，在一个尺度上发生的情况直接影响在其他尺度上发生的情况。裂纹前的位错活动影响裂纹尖端原子键的局部载荷。裂纹尖端的杂质偏析会影响裂纹前位错活动的程度，因为它会影响裂纹尖端可承受的应力，从而影响裂纹前的应力。几乎所有流行的断裂模型都只考虑一个尺度，这是不全面的。

延伸阅读

Cottrell, A H, *An Introduction to metallurgy*, 2nd edition, The Institute of Materials (1995).

Ghoniem, N and Walgraef, D, *Instabilities and self-organization in materials*, Volumes 1 and 2, Oxford University Press (2008).

Peierls, R E, *The laws of nature*, George Allen & Unwin Ltd. (1955).

Sutton, A P, *Physics of elasticity and crystal defects*, Oxford University Press (2020).

---

① Felkins, K, Leighly, H P. Jankovic, A, JOM 50, 12 (1998).

第九章
材 料 设 计

文献中报道的一种新材料的性能对航空航天具有很强的吸引力,而实际上相关性能测试以及对最终的应用认知十分有限时,工业界往往会感到失望。事实上,这种早期研究和验证一种新材料的使用要求之间存在着巨大的差距。同样,资助机构通常会对令人兴奋的新材料表现出兴趣。对于一些材料的应用,如电子设备,从发明到应用的时间相对较短,而用于喷气发动机的材料可能需要很多年。

——大卫·鲁格,罗尔斯·罗伊斯公司的材料高级工程研究员,在以下文中接受约翰·普卢默的采访:《理解一种飞得高的方式》,《自然材料》15,820(2016)。由 Springer Nature 授权转载,版权 2016。

9.1 概 念

设计一种材料就是确定最佳的化学成分、内部结构和制造方法,以满足特定应用的要求。

9.2 简 介

设计材料的过程始于对预期应用要求的充分理解。设计师要认识到在一系列尺度范围内,材料的结构是如何控制其性能的,以及制作方法是如何决定结构。设计师还要考虑材料在使用寿命期间可能发生改变的时间尺度。设计和制造过程涉及材料科学的许多方面。

材料设计并不一定涉及创造新材料。现有材料也可以通过相对较小的调整来改进,如改变其成分、进行表面处理或者改变制作方法。有时,这就是为制造商提供竞争优势所需要的一切。对制造商来说,这通常比用完全不同的材料替代更有吸引力,因为这样更便宜,而且通常需要更少的测试和开发成本。但是，要改进现有材料就需要深入了解为什么它不是最佳的，以及如何改进。

材料设计不应与材料选择和材料发现相混淆。材料选择涉及从一系列现有材料中为预期应用做出选择。可能没有可用的材料适合该应用。

材料发现是一个相对较新的术语，用于应用数据科学和人工智能技术为具有潜在有用特性的候选材料创造、管理和搜索材料数据。它还使用组合化学和计算材料科学的"高通量"技术来快速搜索一系列材料，以获得所需的特性。材料发现与材料设计相反。与为特定应用创建合适的材料不同，材料发现的工作方式是为具有优异特性的材料寻找应用。以上引用自鲁格的采访，表达了人们对材料发现的失望，这种失望经常来自制造业，而不仅仅是航空航天。

诺贝尔奖获得者发现了一些非凡的新材料，这些新材料在被发现几十年后仍受限于技术上的应用。显然，发现具有特殊性能的新材料并不一定保证它会创造出颠覆性的技术[1]。其他一些诺贝尔奖得主发现的新材料，如陶瓷超导体，已经带来了颠覆性的技术，但这经过了几十年的研究来发展材料应用。陶瓷超导体发展缓慢的一个原因是它们很脆，用它们制造电磁体并非易事。这表明，在技术上，新材料的发现和应用之间的延迟可能存在不可避免的原因。发现一种材料的经济成本只占开发成本的一小部分。相比之下，好的设计可以缩短开发时间和降低开发成本。由于材料设计始于对特定应用要求的充分理解，因此它是有针对性的，并且材料更有可能用于其设计的应用中。

似乎很明显，如果要采用新材料来替代现有材料，则需要完全了解预期应用的要求。鲁格对宣布新材料很少赢得赞赏表达了沮丧。这可能解释了为什么制造业（至少在欧洲）对材料发现和数据驱动材料科学表现得明显兴致缺缺，最近的一篇评论文章中已经指出了这一点[2]。

9.3 微观结构

材料设计的一个核心方面是微观结构的概念，我们已经在第四章和第八章中提到过。它包括结构缺陷，如晶界、位错网络和点缺陷簇，以及其他相的颗粒、微裂纹和固溶体成分的变化。这些特征出现在比原子尺度大得多但比工程组件的宏观尺度小得多的尺度上。它们可能对材料的机械、电、磁和光学特性具有决定性影响。它们的存在说明了由原子之间群体相互作用产生

---

[1] 颠覆性技术为消费者、行业或企业的运营方式带来巨变。如果有更早的相关技术，它们就会因颠覆性技术的卓越品质而变得多余。

[2] Himanen, L, Geurts, A, Stuart Foster, A and Rinke, P, Advanced Science 6, (2019).

的新物理性质的出现。微观结构通常表明材料不处于热力学平衡状态，而是处于某种亚稳态或不稳定状态。微观结构的不同方面向平衡的弛豫有一个时间尺度范围。这些弛豫过程中的许多都涉及热活化，并且它们发生的速率对材料在制造和使用过程中所接触的温度十分敏感。这就是在材料设计中必须考虑制造方法和使用条件的原因之一。另一个原因是材料在制造和使用过程中所承受的机械载荷也会影响微观结构特征的数量。

一些材料因其使用条件而远离热力学平衡，包括不断受到辐射和变化的应力、电场或磁场。在这些情况下，材料的微观结构也会发生变化，导致其性能发生重大变化，甚至可能失效。这也是在材料设计中考虑使用条件很重要的另一个原因。

微观结构特征可能相互作用，产生进一步的集体行为，如在再结晶过程中通过晶界迁移降低位错密度，或位错堆积引起的应力集中形成裂纹。正如第一章所讨论的，材料的平衡状态受到其与环境的热、机械和化学相互作用的影响。物理学家使用"复杂系统"一词来描述系统各部分之间相互作用引起的集体行为，以及系统如何与其环境相互作用。材料展示了一个复杂系统的所有方面。

如果使用工程师所谓的"系统方法"将材料视为复杂系统，则材料设计是最有效的。如前所述，该过程首先列举材料必须具备的特性，以满足其预期应用的要求。所需的特性决定了材料的类别（金属、陶瓷、聚合物、复合物等）、成分、微观结构和原子结构。其涉及对不同尺度的材料进行建模，从原子尺度到微观结构和宏观尺度，信息在长度尺度层次上来回流动，以集成模型。在所有尺度上，所需的结构决定了材料的制造方式。这是通过对制造过程进行建模来指导的。材料制成后，设计师将进行测试，以查看其是否具有所需的性能。如有必要，设计师可以通过改变材料的成分及其制造过程来调整材料的特性，这些同样由建模指导。设计师还可以对使用中材料微观结构的演变进行建模。如有必要，设计师可以进一步调整整个过程，以确保材料在整个预期使用寿命期间保持所需的性能。这种设计和制造材料的方法是"综合计算材料工程"（ICME），它是由西北大学的格雷戈里·奥尔森提出的[①]。

9.4 一个例子：替换"镍"

最近的一个材料设计的例子是美国国家标准与技术研究院（NIST）由艾

---

① Olson, G B, Science 277, 1237 (1997).

瑞克·拉斯及其同事所做的工作①。美国造币厂要求他们寻找一种新合金来代替用于制造五美分硬币（即"镍币"）的铜镍合金。

自 2006 年以来，制造 5 美分硬币的成本已超过 5 美分，因为镍的成本上涨了很多。目标是将成本降低 40%。在材料发现方法中，人们会创造一种有前途的材料，并根据材料的强度和局限性设计产品。拉斯等人取得的成功源于对这一过程的逆转："研究人员从造币厂的需求清单开始，设计了一种材料来满足产品需求②。"这是一种材料设计策略，而不是材料发现策略。研究人员首先了解了美国造币厂规定的替代合金的要求。替代合金必须保持以下性能与之前的 5 美分硬币相同：导电性、密度、颜色、屈服强度、加工硬化系数、耐腐蚀性和毒性。这些要求使铸币厂能够使用相同的设备制造硬币，并使现有的自动售货机能够将它们识别为 5 美分硬币。改变制造工艺的成本通常高得令人望而却步，并且将原有制造设备应用于新材料的要求并不少见。硬币还必须能够承受流通的 30 年中经常遭受的磨损。它们必须是无毒的、抗真菌的，并且组成材料不得从其中渗出。当硬币暴露在包括人体汗水在内的各种环境中时，它还必须能够耐腐蚀、耐锈蚀。新硬币必须通过熔化和重复使用来回收。不满足所有这些要求的合金是美国造币厂不接受的。

拉斯等人使用 ICME 的系统方法在 Cu-Ni-Zn-Mn 体系中设计和制造了三种符合应用要求的原型合金。从设计方法中，我们认识到某些设计目标可能相互矛盾，而人们能够优化每种合金的成分及其制造工艺以满足所有这些目标。最终的解决方案对其成分和生产过程的微小改变也具有实用性。

9.5　自组装

自组装和自组织描述了从无序的配置开始，由独立组件之间的短程相互作用产生的模式或结构的自主形成。尽管这两种表达经常互换使用，但区分它们仍十分有用。自组装是一个由自由能减少驱动的过程，它是一个平衡过程。因此，结晶是一个自组装过程。而自组织过程会消耗能量。例如活细胞、塑性变形金属中的位错细胞结构、星形细胞的变态反应等。生命物质模型"活性材料"的自组织将在第十一章进行讨论。本节将重点关注自组装。为了使组件自组装成有序结构，它们必须是可移动的。这就是

---

① Lass, E A, Stoudt, M R and Campbell, C E, Integrating Materials and Manufacturing Innovation 7, 52 (2018).

② Gillespie, A, *Materials by design cooking up innovations with the Materials Genome Initiative*. https://tinyurl.com/y7bj7255.

为什么自组装通常发生在流体中或表面上。在流体中或表面上，如果组件足够小，组件会通过布朗运动移动。

9.5.1 泡筏

布拉格和奈的泡筏实验是二维自组装的一个很好的例子[1]。在这个实验中，直径约 1 mm 的气泡被引入装有稀释肥皂溶液的托盘中。气泡是由空气以稳定的速率通过放置在溶液表面下方的细喷嘴产生的。一旦气泡到达溶液表面，它们就会相互吸引并自行组装成筏子。在气泡筏内，气泡紧密堆积形成六边形排列。

图 9.1 显示了一个泡筏，其中有一个从左到右穿过照片中间的小角度晶界。晶界由一系列刃型位错组成。泡筏是二维晶体的绝佳模型。除了刃型位错外，它还可以显示点缺陷，如空位（缺少气泡）、间隙缺陷（尺寸过小的气泡）、替代缺陷（尺寸过大的气泡）和晶界。通过搅拌浴，可以使模型动态化，具有可移动的位错和晶界。

图 9.1 气泡自组装形成的泡筏示意图。从左到右有一个由刃型位错组成的小角度晶界。

气泡的自组装是它们之间作用力的结果。两个气泡之间的相互作用力类似于图 3.3（b）所示。当气泡分离时，力是一种吸引力[2]。当气泡接触时，吸引力由短程排斥力平衡[3]。

9.5.2 光子晶体

自组装的一个有用的技术案例是通过胶体结构的结晶制造光子晶体[4]。光子晶体与普通晶体一样是周期性结构，只是其"原子"是一种大小与光的波长相当的粒子。这些粒子可能包含数十亿个原子。

---

[1] Bragg, W L and Nye, J F, Proc. R. Soc. Lond. A 190, 474 (1947).
[2] Nicolson, M M, Mathematical Proceedings of the Cambridge Philosophical Society 45, 288 (1949).
[3] Lomer, W M, Mathematical Proceedings of the Cambridge Philosophical Society 45, 660 (1949).
[4] Galisteo – Lopez, J F, Ibisate, M, Sapienza, R, Froufe – Perez, L S, Blanco, A and Lopez, C, Advanced Materials 23, 30 (2011).

在 6.5 节中，我们概述了能带理论，其中晶体中的电子态处于能带中。电子态能带通常由没有电子态的间隙隔开。在其中一个间隙中，具有能量的电子不能穿过晶体。在光子晶体中可以观察到类似的行为。一些状态带中光子可以穿过间隙隔开的晶体。一维光子晶体由具有交替折射率的绝缘材料薄层堆叠而成，用于透镜和镜子上的低反射和高反射涂层。还有天然存在的光子晶体。蛋白石的彩虹色和一些蝴蝶翅膀的颜色是由于光子晶体产生的。

尺寸分布较窄的颗粒被描述为"单分散"。为了制造光子晶体，尺寸分布必须尽可能窄。否则，会有颗粒表现为点缺陷，破坏晶体的周期性，并可能在带隙内引入光子态。

最常用的颗粒是球形的，它们通常会产生紧密堆积的晶体结构。我们可以制造出尺寸从几纳米到几微米不等的单分散二氧化硅球体。已制成单分散球体的其他材料包括二氧化钛、氧化锌、硫化锌、硫化镉、硒化锌、镧系化合物、金、银、铅、铋、锑和碲。此外，我们还可以合成核壳颗粒，其中颗粒的核被另一种形成壳的材料包覆。这些颗粒已在光子学、催化、传感、成像和靶向破坏癌细胞中得到应用[①]。核壳颗粒的一种特殊情况是空心球体，在壳沉积后用化学方法去除核。以这种方式生产出空心金属、半导体和绝缘球。

二氧化硅球形颗粒的三维晶体可以通过将它们悬浮在溶剂（如水或乙醇）中来形成[②]。以恒定速率从溶液中取出垂直基底。二层到几百层紧密堆积的二氧化硅球体的晶体在基板上形成的弯月面中自组装。当溶液蒸发时，晶体由空气中稳定的紧密堆积的二氧化硅球体组成。

9.5.3 量子点

7.3 节介绍了量子点。本节以硅表面上的锗量子点为例说明量子点的自组装。这种材料是在超高真空条件下，利用分子束外延技术将锗原子沉积到硅（001）表面而形成的[③]。硅和锗具有相同的金刚石立方晶体结构，但锗的晶格常数比硅大 4% 左右。第一个到达表面的锗原子通过被称为浸润层的薄层来延续硅的晶体结构。浸润层由大约三个锗原子层组成。但这会使锗承受很大的压缩应变。当更多的锗原子到达表面时，岛开始形成，应变减小，但并未完全消除。当岛形成时，弹性应变能的减少足以补偿总表面能的增加。当岛很小时，它们具有金字塔的形状，而较大的岛是更圆的结构，称为"圆顶"，如图 9.2 所示。

---

① Loo, C, Lowery, A, Halas, N, West, J and Drezek, R, Nano Lett. 5, 709 (2005).
② Jiang, P, Bertone, J F, Hwang, K S and Colvin, V L, Chemistry of Materials 11, 2132 (1999).
③ （001）表面是平行于立方单元晶胞的一个面。

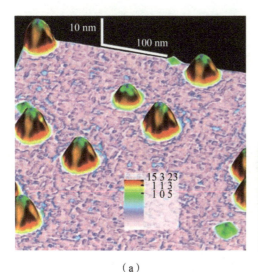
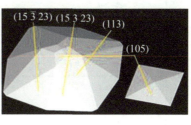

（a） （b）

图 9.2 （a）在硅（001）表面共存的锗/硅金字塔（绿色）和圆顶（多色）的扫描隧道显微照片。颜色表示岛不同面的方向，将金字塔的 {105} 面与圆顶的较高折射率面区分开来。插图显示了刻面颜色编码。在 600 ℃下，通过分子束外延沉积在硅表面上的锗原子以每分钟 3 个单分子层的速度扩散自组装成岛，从而得到 8 个单分子层的等效覆盖。（b）圆顶和金字塔的真实纵横比的理想化表示，带有标记的代表性面。引自鲁德等人[①]，版权所有美国科学出版商 2007。

如图 9.3 所示，观察到较小岛屿（金字塔）和较大岛屿（圆顶）的双峰体积分布。在其他系统中也发现了量子点的双峰分布，如在氮化铝上生长的氮化镓岛屿[②]。

沉积在硅表面上的锗量被称为"覆盖率"。岛屿尺寸的分布取决于覆盖率和沉积过程中的温度。这种行为有两种可能的解释。首先是金字塔和圆顶的种群由称为"奥斯瓦尔德熟化"的动力学过程控制。这是一个较大的岛生长而较小的岛收缩，并最终通过表面扩散消失的过程。第二个是对每一种温度和覆盖率，金字塔和圆顶的数量都是平衡的。有实验证明，这是平衡状态或至少是亚稳态。在 550 ℃长时间退火后，岛屿分布达到稳定状态。观察到大小明显不同的岛屿彼此相邻。这两项观察结果都表明，没有发生奥斯瓦尔德熟化。

---

① Rudd, R E, Briggs, G A D, Sutton, A P, Medeiros-Ribeiro, G and Williams, R S, Journal of Computational and Theoretical Nanoscience 4, 335 (2007).

② Adelmann, C, Daudin, B, Oliver, R A, Briggs, G A D and Rudd R E, Phys. Rev. B 70, 125427 (2004).

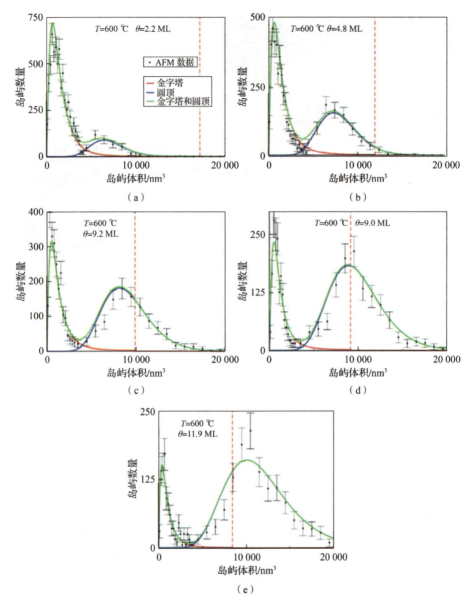

图9.3 硅（001）上锗量子点的岛屿体积分布。实线是基于平衡假设的模型计算的分布情况。带有误差条的点显示了使用原子力显微镜（AFM）进行的实验测量结果。曲线给出了每种类型的岛屿数量和总数。θ是沉积在等效单分子层（ML）中的锗量。注意垂直比例不同。双峰体积分布是两种岛屿类型的特征。垂直虚线表示金字塔模型分布被截断的位置。来自鲁德等人[1]，版权所有美国科学出版商2007。

---

[1] Rudd, R E, Briggs, G A D, Sutton, A P, Medeiros‒Ribeiro, G and Williams, R S, Journal of Computational and Theoretical Nanoscience 4, 335 (2007).

鲁德等人①提出了一个模型，该模型将两个岛屿的体积分布作为温度和锗在硅表面上覆盖率的函数。该模型假设分布受平衡控制。平衡要求锗的化学势在所有岛屿中都相同，无论其类型和体积如何。由于岛屿很小，在不同体积下的平衡波动是很显著的。这就是在给定的温度和覆盖率内存在岛屿体积分布的根本原因。为了处理平衡分布，该模型使用了统计力学。该模型计算圆顶和金字塔平衡状态下的数量、体积和分布宽度。如图9.4所示，结果总结在"纳米结构图"中，其中包含温度轴和覆盖率。

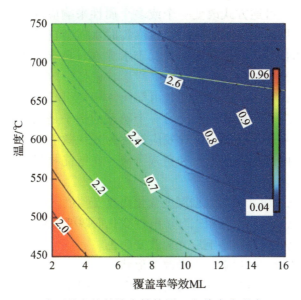

图9.4 硅（001）表面锗岛屿的纳米结构图。它首次出现在 Rudd, R E, Briggs, G A D, Sutton, A P, Medeiros – Ribeiro, G and Williams, R S, Phys. Rev. Lett. 90, 146101 (2003)，经许可转载。版权所有（2003）美国物理学会。色标表示金字塔岛的比例（从4%到96%）。黑色等值线表示相对于平均岛屿体积的分布宽度，黑色实线表示金字塔的分布宽度，虚线表示圆顶的分布宽度。

纳米结构图对纳米结构的作用就像温度 - 成分相图对宏观合金的作用一样。我们在图9.4中看到，在相对较低的温度和覆盖率内，金字塔占主导地位，而在较高的温度和覆盖率内，圆顶占主导地位。如果我们选择600 ℃的温度，这些岛主要是在2.2 eq – ML覆盖率下的金字塔，如图9.3（a）所示。随着600 ℃下覆盖率的增加，岛屿在纳米结构图中沿着一条平行于覆盖率轴的直线移动。当覆盖率达到4.8 eq – ML时，分布如图9.3（b）所

---

① Rudd, R E, Briggs, G A D, Sutton, A P, Medeiros – Ribeiro, G and Williams, R S, Journal of Computational and Theoretical Nanoscience 4，335（2007）.

示。在纳米结构图上，实验结果位于绿色区域的中间时表明，大约一半的岛屿是金字塔。金字塔和圆顶体积分布宽度的平均值，也可以从对应的实线和虚线中估计得出。随着覆盖率的进一步增加，更多的金字塔被转换为圆顶。较窄的宽度更适合应用，而图中圆顶的分布比金字塔的分布更窄。

9.6 智能材料

智能材料通过可逆方式改变一个或多个属性来响应其环境的变化。一个熟悉的例子是家用水壶上的开关，当水沸腾时水壶会自动关闭电源。这种开关包含一种金属合金，该合金在温度低于水沸点时具有一种形状，在温度高于水沸点时具有另一种形状。它体现了"形状记忆"效应，其起源是材料中一种特殊的相变，称为马氏体相变。由马氏体相变引起的物体形状的类似可逆变化也可以由应力和磁场引起。另一个熟悉的例子是太阳能电池，它通过在设备上照射光来产生电压。这种效应被称为光伏效应，其起源是入射光子产生激子，器件内部电场使电子和空穴分离。在智能材料的设计中，涉及的材料效应类型众多。它们包括：

- 热致变色效应：材料根据温度变化而改变颜色。
- 加酸显色效应：材料根据环境酸性变化而改变颜色。
- 光致变色效应：材料响应光而改变颜色。
- 光机械效应：材料响应光而改变形状。
- 压电效应：对材料施加应力时产生电压，相反施加电压时产生应变。
- 磁致伸缩效应：当施加磁场时材料会改变形状；相反，当施加应力时，材料中的磁化强度会发生变化。
- 电致伸缩效应：材料在施加电场时会改变形状；相反，在施加应力时，材料中的电极会发生变化。
- 热电效应：材料被置于温度梯度中时产生电压；相反，施加电场时，材料的温度会发生变化。
- 磁热效应：材料暴露在不断变化的磁场中时温度发生变化。

9.6.1 自愈材料

智能材料可以自动修复自身的损伤，而无须人工检测损伤或进行修复。混凝土是应用最广泛的人造结构材料。宽度为 300 μm 的小裂缝在混凝土中几乎是不可避免的，水分通过缝隙进入会加速其降解，当混凝土结构受弯时，采用钢拉杆进行加固。水进入混凝土导致钢筋锈蚀。这就是为什么必须经常检查混凝土桥梁。我们可以引入自我修复机制来修复宽度为 1 mm、有时甚至更大的裂缝。其中一种机制是利用细菌在裂缝和孔隙中产生碳酸钙（石灰石）[1]。石灰石与各种成分的水泥产品很好地结合在一起。通过填充裂缝和孔隙，它可以防止水进入，并加固混凝土。尿素分解菌株可以承受混凝土的碱性环境（pH = 13）。在有水存在的情况下，它们降解尿素来生成碳酸根离子，碳酸根离子与混凝土中的钙离子反应形成碳酸钙。但是碳酸钙很脆，如果它承受不同的载荷就会开裂。在这种动态载荷条件下，向混凝土中添加聚合物以填充和修复裂缝可能是最优的选择。

9.6.2 自洁玻璃

自 2001 年以来，商用自清洁玻璃已经面市。玻璃上涂有一层二氧化钛（TiO_2）薄膜，通常厚度小于 100 nm。当暴露于紫外线（UV）辐射中时，二氧化钛通过被称为"光催化"的过程分解大多数有机化合物。此外，二氧化钛在紫外线辐射下变得超亲水，使水能够散布在镀膜玻璃上形成极薄的水层。因此，雨水会冲走任何残留污染物，并且干燥后不会留下任何水痕。正是二氧化钛涂层的光催化作用和超亲水性的结合使玻璃保持清洁[2]。

9.7 结束语

在本书的前言中，材料被定义为凝聚态物质的一个子集，在一些现有或预期的技术中应用。本章研究了设计材料以满足特定工程应用要求的过程。它还涉及使用自组装来制造原本难以制造的材料，以及如何通过使用添加剂和进行表面处理改善现在已经广泛使用的材料。

设计过程从材料在其预期应用中的工程要求开始。创造一种具有所需性能的材料，利用了性能、跨长度尺度的结构和制造过程之间的紧密联系。这就是材料科学脱颖而出的地方。如果对现有材料的修改满足要求，则不一定需要制造新材料，如自清洁玻璃。

良好的设计需要理解相关材料科学，以满足材料的工程要求。它减少了在预期应用中试用材料的时间和成本。

材料发现有些不同，它是先寻找具有特殊性能的材料，然后寻找应用。与材料设计相比，这是相反的顺序。材料发现所运用的学科是数据科学和人工智能。目前尚不清楚其涉及多少材料科学（如果有的话）。材料发现目前引起了世界各地大学和政府研究实验室的极大兴趣。但在欧洲，工业界对此持

---

[1] de Belie, N, et al., Advanced Materials Interfaces 5, 1800074 (2018).
[2] Maiorov, V A, Glass Physics and Chemistry 45, 161 (2019).

相当大的怀疑态度。

延伸阅读

Ashby, Mike and Johnson, Kara *Materials and Design: The Art and Science of Material Selection in Product Design*, Elsevier (2014).

Ashby, M F, Shercliff, H and Cebon, D *Materials: Engineering, Science, Processing and Design*. 4th edition, Elsevier (2019).

Ball, Philip, *The self-made tapestry: Pattern formation in nature*, Oxford University Press (1999).

第十章
超 材 料

负折射最初是作为一个理论概念而不是实验发现被提出的,这在物理科学中并不常见。相反,它对实验提出了挑战:找到 ϵ 和 μ 为负值的材料。与此同时,科学家们还要在争议中捍卫这一概念的可信性。公平地说,2003 年见证了这一初始阶段的结束,并且在理论研究和实验研究方面都得到了积极的结论。未来蕴藏着许多新机遇。

——J. B. 彭德里,《光与物质》,第 36 届哈利·梅塞尔教授国际中学生科学学校,C. 斯图尔特编辑,悉尼大学物理科学基金会(2011),第 134 页。经许可转载。

10.1 概 念

超材料是人造材料,用于操纵从电磁波到声波的各种波。它们是复合材料,具有精心设计的结构单元,这些结构单元比它们要控制的波的波长小得多,但比原子大得多。超材料的特性取决于它们的结构,而不是它们的化学性质。超材料的概念也被应用于地震波和海浪的控制。

10.2 简 介

超材料(metamaterial)的前缀"meta"表示"超越",表明超材料与其他材料不同。在前面的章节中,我们提到了众多人造材料中的一部分。它们经过精心设计和制造,甚至在某些情况下到达了原子层面。那么超材料在什么层面上不同于其他人造材料呢?传统材料的特性来自构成它们的原子和分子的化学特性。超材料的特性则来源于它们内部的结构单元与入射波之间的强耦合。这些结构单元比原子大得多,但比与它们相互作用的波的波长小得多。因此,超材料的特性取决于它们内部精心设计和组装的结构单元,而不是它们的化学成分。

从某种意义上来说，超材料也"超越"了传统材料，因为它们独特的特性常常违背传统逻辑。在开发出超材料之前，人们认为不可能创造出具有它们的某些特性的材料。超材料以传统材料从未发现的方式对波做出反应。例如，人们已经发现了具有有效负质量和有效负弹性模量的弹性超材料，以及具有有效负折射率的电磁超材料。在千禧年开发出超材料之前，不存在具有这些特性的材料。"有效"这个词意义重大。在特定频率范围内，相关属性如弹性波的质量和弹性模量以及电磁波的折射率是负的。在其他频率，它们是正的，就像传统材料一样。

理解这种对频率依赖性的关键是共振现象。当驱动振动力的频率与其作用的系统的固有振动频率一致时，就会发生共振。一个熟悉的例子是在刚度为 k 的弹簧上附加一个质量球 m。其固有振动频率为 $f_0 = (1/2\pi)\sqrt{k/m}$，可以用角频率 $\omega_0 = 2\pi f_0$ 来表示。如果质量球受到一个振幅恒定的振荡力，并且角频率 ω 增加，则质量球的振荡幅度在 $\omega = \omega_0$ 时最大。当 ω 小于 ω_0 时，质量球的运动方向与施加的力相同：它们彼此同相。但是当 ω 大于 ω_0 时，它们是异相：质量球不断地沿与施加力相反的方向移动。共振行为的这一特性是一些最令人兴奋的超材料的设计和特征的核心。

10.3 一个例子：弹性波超材料

在本节中，我们跟随米尔顿和威利斯的研究[①]，了解弹性超材料如何响应弹性波。假设有一个质量为 M_0 的刚性圆柱杆，其中心雕刻出高度为 h 的相对较小的同轴圆柱。图 10.1 中的小圆柱体用粉红色阴影表示。在每个圆柱体的中心，有一个半径为 r、质量为 m 的球体，通过线性弹簧连接到圆柱体的圆形面上。每个弹簧的刚度为 K，其质量可忽略不计，自然长度为 $h/2 - r$。包含 n 个这样圆柱体的杆的总质量为 $M_T = M_0 + nm$，其中为清晰起见，图 10.1 中的 n 仅为 5。

杆被迫承受角频率为 ω 且振幅为 A 的振荡。由于杆是刚性的，每个质量球 m 所受的力是相同的。每个质量球 m 对杆的振荡位移的响应被周围的杆隐藏起来。只有杆的响应是可测量的。

让我们选择一个小圆柱体进行详细研究。设 $X(t)$ 和 $x(t)$ 为它的左圆面和质量球 m 的球心在时间 t 时的位置。则 $X(t) = X_0 + A\sin(\omega t)$，其中 X_0 为左圆面的平衡位置。质量球 m 的平衡位置为 $X_0 + h/2$。弹簧对质量球 m 施加 $-2K(x(t) - X(t) - h/2)$ 的力。将牛顿第二定律应用于质量球 m，我们得到：

[①] Milton, G W and Willis, J R, Proc. R. Soc. A 463, 855 (2007).

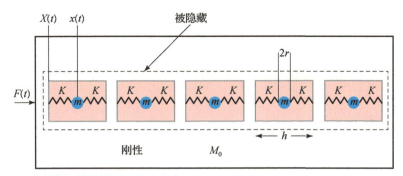

图 10.1 弹性超材料模型。在此文之后：Milton，G W and Willis，J R，Proc. R. Soc. A 463，855（2007）。

$$m\ddot{x} + 2K(x(t) - X(t) - h/2) = 0 \quad (10.1)$$

其中 $\ddot{x} = d^2x/dt^2$ 是质量球 m 的加速度，$X(t) = X_0 + A\sin(\omega t)$。这是受迫谐振子方程。在没有阻尼的情况下，$x(t)$ 必须具有与 $X(t)$ 相同的振荡形式，具有相同的角频率 ω：$x(t) = X_0 + h/2 + a\sin(\omega t)$。如果振动的幅度 a 为正，则质量球 m 与杆的运动方向相同，否则它们的运动方向相反。通过将 $x(t)$ 的这个表达式代入方程（10.1），我们得到：

$$\frac{a}{A} = \frac{1}{1 - \omega^2/\omega_0^2} \quad (10.2)$$

其中 $\omega_0 = \sqrt{2K/m}$ 是质量球 m 的共振角频率。因此，在略高于共振角频率的角频率处，a/A 很大且为负：在任何时刻，质量球 m 都沿与杆相反的方向运动。

杆的动量为 $M_{eff}A\omega\cos(\omega t)$，其中 M_{eff} 为杆的有效质量，杆的速度为 $\dot{X}(t) = A\omega\cos(\omega t)$。每个质量球 m 的（不可见）速度是 $\dot{x}(t) = a\omega\cos(\omega t)$。所以，

$$M_{eff}A\omega\cos(\omega t) = M_0 A\omega\cos(\omega t) + nma\omega\cos(\omega t)$$

或者

$$\frac{M_{eff}}{M_0} = 1 + \frac{nm/M_0}{1 - \omega^2/\omega_0^2} \quad (10.3)$$

关系如图 10.2 所示。在角频率介于零和共振角频率之间的范围内，有效质量大于 M_T。随着共振频率从下方接近，有效质量向 $+\infty$ 发散。当 $\omega^2/\omega_0^2 = M_T/M_0$ 时，杆的有效质量为零。在角频率 $\omega_0^2 < \omega^2 < (M_T/M_0)\omega_0^2$ 范围内，有效质量为负。在这个范围内，杆的动量和速度方向相反。当 $\omega \to \infty$ 时，我们发现 $M_{eff} \to M_0$。因为质量球 m 无法响应杆的这种快速变化的位移。另请注意，当 $\omega = 0$ 时，有效质量变为 M_T，因为这是杆的静止质量。当弹簧刚度 $K \to \infty$ 以使质量球 m 刚性地保持在每个小圆柱体的中心，且 $\omega_0 \to \infty$ 时，也达到此极限。

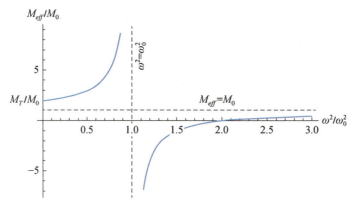

图 10.2 方程（10.3）的绘图，对 $nm = M_0$ 的情况，$M_T = 2M_0$。$\omega^2 = \omega_0^2$ 和 $M_{eff} = M_0$ 用虚线表示。

假设杆是刚性的，如果基体材料中弹性波的波长远大于 h，那么这是一个合理的近似值。图 10.1 中描述的模型忽略了质量球 m 由于黏性阻力而产生的阻尼。这可以通过在方程（10.1）的左侧增加一个阻力 $\eta \dot{x}(t)$ 来模拟，它与速度 $\dot{x}(t)$ 成正比。恒定阻力系数 η 量纲为单位时间的量纲。然后，有效质量是由实部和虚部组成的复数：

$$\frac{M_{eff}}{M_0} = 1 + \frac{nm/M_0}{1 - \omega^2/\omega_0^2 - i\delta}, \tag{10.4}$$

其中 $\delta = \eta\omega/m\omega_0^2$ 且 $i = \sqrt{-1}$。这消除了在谐振角频率下，M_{eff} 实部向 $\pm\infty$ 发散的不切实际现象。类似于方程（10.4）的表达式也出现在其他类型的超材料中。M_{eff}/M_0 的实部和虚部绘制在图 10.3 中。

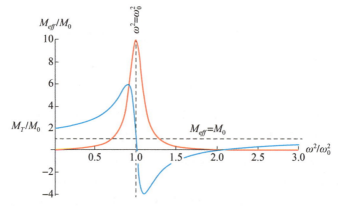

图 10.3 方程（10.4）中 M_{eff}/M_0 的实部（蓝色）和虚部（红色），对于 $nm = M_0$ 和 $\delta = 0.1$ 的情况。通过在方程（10.1）中增加粘性阻力，在 M_{eff}/M_0 的实部中消除了图 10.2 中在谐振角频率下到 $\pm\infty$ 的偏差。请注意，仍有一定范围的频率，其中 M_{eff}/M_0 的实部为负。

这一弹性超材料的概念是由盛平等人引入并通过实验验证的①。他们在 1 cm 的铅球上涂上 0.25 cm 厚的硅橡胶，然后将其嵌入环氧树脂基体中。铅球对应上述模型中的质量球 m，环氧树脂基体对应杆，硅橡胶涂层提供基体和具有刚度 K 和阻力系数 η 的球之间的黏弹性耦合。他们观察到环氧树脂基体中弹性波与铅球局部振动运动之间的强耦合，以及相关共振。

10.4　电磁超材料与负折射

詹姆斯·克拉克·麦克斯韦在 19 世纪 60 年代发现光是一种电磁波，这可以说是 19 世纪物理学的顶峰，因为它统一了电、磁和光学。电磁波谱从波长为 10^{-12} m 数量级的 γ 射线到波长为 10^3 m 或更长的无线电波。可见光在 740 nm 和 380 nm 之间的光谱仅占很小的范围。电磁波由相互垂直且与波的传播方向垂直振动的电场和磁场组成。它被称为横波，因为振动方向垂直于传播方向，就像水面上的涟漪。在纵波中，振动方向平行于传播方向。纵波的一个例子是空气中的声波，它包括空气沿其传播方向的压缩和膨胀区域。

麦克斯韦证明在真空中光速 $c_0 = 2.998 \times 10^8$ m·s^{-1}，等于 $1/\sqrt{\epsilon_0 \mu_0}$，其中 $\epsilon_0 = 8.854 \times 10^{-12}$ C·V^{-1}·m^{-1} 且 $\mu_0 = 4\pi \times 10^{-7}$ V·C^{-1}·s^2·m^{-1}，它们分别为自由空间的介电常数和磁导率②。当光进入物质时，它的速度③降低到 c_0/n，其中 n 是折射率。折射率随光的频率变化，这就是为什么雨滴可以将阳光分解成彩虹。

光的折射是一种熟悉的现象。当我们看着游泳池时，它看起来比实际要浅。斯涅耳定律描述了当光从折射率为 n_1 的各向同性介质通过界面进入另一种折射率为 n_2 的各向同性介质时，入射角 θ_i 和折射角 θ_r 之间的关系：

$$\frac{\sin \theta_i}{\sin \theta_r} = \frac{n_2}{n_1}。 \tag{10.5}$$

如图 10.4 所示。斯涅尔定律源于界面的平移对称性。我们在第五章中了解到，连续平移对称导致动量守恒。因此，平行于界面的光波动量守恒。光波的动量由德布罗意关系 h/λ 给出，其中 λ 是光波的波长，光波沿光线方向运动。光波的频率 f 在穿过界面时不会改变。根据折射率的定义，介质 1 和 2 中的光速分别为 c_0/n_1 和 c_0/n_2。因此，波长分别为 $\lambda_1 = c_0/(n_1 f)$ 和 $\lambda_2 =$

---

① Sheng, P, Zhang, X X, Liu, Z and Chan, C T, Physica B: Condensed Matter 338, 201 (2003).

② ϵ_0、μ_0 以国际单位制表示，但我选择用 C = 库仑（电荷单位）、V = 伏特、m = 米和 s = 秒来表示它们。请注意，国际单位制的电容单位是法拉（F），即 1 库仑/伏特。

③ 更准确地说，这是相速度。

$c_0/(n_2 f)$。平行于界面的动量分量分别是$(h/\lambda_1)\sin\theta_i = (hn_1 f/c_0)\sin\theta_i$和$(h/\lambda_2)\sin\theta_r = (hn_2 f/c_0)\sin\theta_r$。通过使这些平行动量相等,我们得到了斯涅耳定律。

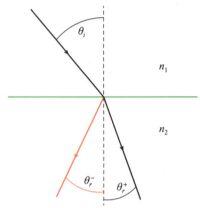

图10.4 斯涅尔定律示意图。在折射率为n_1的介质中以角度θ_i向垂直方向倾斜的光线入射到折射率为n_2的介质的界面(绿色)上。如果$n_2>0$,光线以θ_r^+角度折射到垂直方向。如果$n_2<0$,它以θ_r^-角度折射到垂直方向(红色)。

折射率是材料的属性,它取决于入射电磁波的角频率ω。它由方程$n^2(\omega) = \epsilon_r(\omega)\mu_r(\omega)$给出。在该方程中,$\epsilon_r$是该材料介电常数与$\epsilon_0$的比值[①]。同样地,$\mu_r$是该材料磁导率与$\mu_0$的比值。电磁波在材料中的速度为$c_0/n = 1/\sqrt{\epsilon_r\epsilon_0\mu_r\mu_0}$。在入射电磁波的角频率下,材料中$\epsilon_r(\omega)$和$\mu_r(\omega)$由电极化和磁极化的程度分别决定。

电磁超材料的故事始于1967年维克托·韦谢拉戈的一篇论文[②]。他提出了一个开创性的问题:如果和μ_r、ϵ_r均为负值,电磁波在材料中的传播会发生什么?他从理论上证明折射率也将是负的。进入这种材料的光线会沿着图10.4所示的红线发生折射。下面我们将看到,实践中在有限的频率范围内实现$\epsilon_r<0$并不困难。但直到千禧年超材料的发展,我们才创造出实现$\mu_r<0$的材料。

金属的闪亮外观源于光无法通过它们传播,就像在镜子中,一层薄薄的铝反射了大部分入射到其上面的光。大多数金属的光学特性主要取决于它们的自由电子对入射电磁波的响应。自由电子从电磁波的振荡电场$E(t) = E_0(\omega)e^{-i\omega t}$共同经历与时间相关的力$-eE(t)$,其中$E_0(\omega)$为角频率$\omega$的振荡电场幅值,$-e$是电子电荷。如果我们忽略自由电子因碰撞而产生的黏性阻尼,则该集体运动中每个自由电子的牛顿第二定律如下:

---

① 也被称为材料的介电函数。
② 英译版:Veselago, V G, Soviet Physics Uspekhi 10, 509 (1968)。

$$m\ddot{x} = -eE_0(\omega)e^{-i\omega t}。$$

这里 m 是电子质量，x 是电子相对于金属离子不移动正电荷的集体位移。通过代入 $x = x_0(\omega)e^{-i\omega t}$ 很容易得到这个方程的解。我们得到：

$$x(t) = \frac{e}{m\omega^2}E(t)。 \qquad (10.6)$$

这种集体位移会在每单位体积中产生一个电极化波：

$$P(t) = P_0(\omega)e^{-i\omega t} = -n_e ex(t) = -n_e ex_0(\omega)e^{-i\omega t} = -\frac{n_e e^2}{m\omega^2}E_0(\omega)e^{-i\omega t},$$

其中 n_e 是每单位体积的自由电子数。介电函数 $\epsilon_r(\omega)$ 由 $P_0(\omega) = (\epsilon_r(\omega) - 1)\epsilon_0 E_0(\omega)$ 定义。它遵循：

$$\epsilon_r(\omega) = 1 - \frac{\omega_p^2}{\omega^2}, \qquad (10.7)$$

其中 $\omega_p = \sqrt{ne^2/(m\epsilon_0)}$ 称为自由电子气的体积等离子体频率。在铝中，$\omega_p \approx 2.5 \times 10^{16}$ Hz。可见光的角频率范围约为 2.5×10^{15} 到 5×10^{15} Hz。由此可见，对于可见光，$\epsilon_r(\omega) < 0$，并且仅在紫外线中变为正值。这就是金属反射而不是透射可见光的原因。正如我们上面提到的，这个简单的分析忽略了产生电阻的电子能量损失。当其被包括在内时，我们发现天然金属的 $\epsilon_r(\omega)$ 主要由红外及以下频率的能量损失决定。

如果 ω_p 可以以某种方式降低到 ≈ 1 GHz $= 10^9$ Hz，则高于此角频率的电磁波将可以穿透材料。低于这些频率，ϵ_r 将是负数。彭德里等人[1]在理论上提出了一种实现这一目标的超材料结构，在非导电的基体中嵌入连续的细金属线的三维阵列。ω_p 的显著降低可通过以下方法实现：（1）自由电子密度 n 减小，将自由电子限定在细线上，细线之间的距离远远大于它们的直径，（2）电子的有效质量 m 通过导线的自感增加，这与导线中感应电流的变化相反。随后，该设计在聚苯乙烯基体中使用直径 20 μm 的镀金钨线阵列的实验中得到证实[2]，这些钨线间距为 5 mm。正如预测的那样，等离子体频率约为 9 GHz。线间距约为与之相互作用的电磁波波长的十分之一。因此，入射的电磁波不会被导线衍射。这种超材料说明它的介电功能取决于其精心设计的结构，而不是化学性质。

彭德里等人[3]在另一篇论文中提出了使用"分裂环形谐振器"设计超材

---

[1] Pendry, J B, Holden, A J, Stewart, W J and Youngs, I, Phys. Rev. Lett. 76, 4773 (1996).

[2] Pendry, J B, Holden, A J, Robbins, D J and Stewart, W J, J. Phys.: Condens. Matter 10, 4785 (1998).

[3] Pendry, J B, Holden, A J, Robbins, D J and Stewart, W J, IEEE Transactions on Microwave Theory and Techniques 47, 2075 (1999).

料以控制磁导率 $\mu_r(\omega)$。目的是开发一种对波长在 1 cm 量级内的电磁波具有负 $\mu_r(\omega)$ 响应的超材料。此外，他们希望材料内不同方向的磁响应相同。他们通过在惰性矩阵中嵌入由非磁性金属薄片制成的分裂环形谐振器晶格阵列来实现这些目标。入射微波的振荡磁场通过这些结构中的感应电流产生了额外的磁场，使材料能够以不同的（有效）磁导率做出响应。设计的关键是构建一个在微波辐射频率下具有共振磁响应的结构。分裂环形谐振器具有电感和电容，因此具有显著增强磁响应的谐振频率。在刚好低于共振的频率处，$\mu_r(\omega)$ 为正。但在频率刚好高于共振频率时，$\mu_r(\omega)$ 为负。在这些频率下，没有天然存在的 $\mu_r(\omega) < 0$ 的材料。超材料的发展第一次证明了制造 $\epsilon_r(\omega) < 0$ 和 $\mu_r(\omega) < 0$ 的材料的可能性，因此在满足这两个不等式频率范围内的材料具有负折射率。

2000 年，史密斯等人[1]实现了第一个在微波频率下具有负 $\mu_r(\omega)$ 和负 $\epsilon_r(\omega)$ 的超材料的实验。其设计基于彭德里的想法，即使用分裂环形谐振器来实现负 $\mu_r(\omega)$，并使用连续细线阵列来实现负 $\epsilon_r(\omega)$。他们创造了第一种具有负折射率的材料，尽管是在有限的微波频率范围内。但这使学术界对超材料的兴趣激增。

10.5 隐形斗篷

电磁超材料研究进展迅速。到 2006 年，彭德里等人[2]声称可以设计和构建具有独立和任意的介电常数和磁导率值的超材料。为了说明使用电磁超材料可以实现什么，他们决定从理论上设计并制造[3]一件"隐形斗篷"。在哈利·波特[4]的粉丝们正在欣赏他虚构的隐形斗篷之际，这无疑引起了世界媒体的关注和公众的想象。

目标是隐藏一个对象，使观察者不知道有什么东西被隐藏了。超材料斗篷将光线引导到周围物体，使它们继续按原方向行进，如图 10.5 所示。对外部观察者来说，这个内部区域是空的，因为光被引导着绕着它转，但是一个物体可能被隐藏在里面。这件斗篷不会反射入射波，也不会投射阴影，因为这两种情况都会暴露它的存在。

---

[1] Smith, D R, Padilla, W J, Vier, D C, Nemat-Nasser, S C and Schultz, S, Phys. Rev. Lett. 84, 4184 (2000).

[2] Pendry, J B, Schurig, D and Smith, D R, Science 312, 1780 (2006).

[3] Schurig, D, Mock, J J, Justice, B J, Cummer, S A, Pendry, J B, Starr, A F and Smith, D R, Science 314, 977 (2006).

[4] 哈利·波特是 J. K. 罗琳畅销系列小说和后续电影的主角。

利用随意改变斗篷的局部 ϵ_r 和 μ_r 的能力，原则上我们明显可以创造出一种超材料来引导相关频率的电磁波围绕被隐藏的物体。问题是如何确定实现这一目标所需的 $\epsilon_r(x,y,z)$ 和 $\mu_r(x,y,z)$ 的空间变化。彭德里等人[①]通过另一种方式提出问题而解决了这个难题。假设我们通过坐标变换使空间变形，使图 10.5 中内球（$r<R_1$）占据的空间被挤压到 $r=R_1$ 和 $r=R_2$ 之间的壳中，这是斗篷占据的区域。通过使空间变形，我们可以预期电磁学的基本（麦克斯韦）方程会被改得面目全非。事实证明，它们仍保持相同的形式，但介电函数/常数和磁导率在斗篷占据的区域（$R_1<r<R_2$）中变得空间相关和各向异性[②]。我们可以利用这些空间上变化的介电函数和磁导率来达到引导光围绕内球的相同目标。这种使空间变形的技巧被称为"变换光学"。

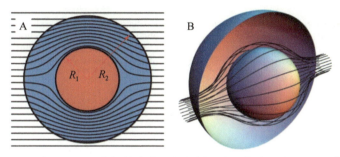

图 10.5 （A）在 R_1 和 R_2 之间的壳中，超材料斗篷围绕半径为 R_1 的球体偏转的光线的二维横截面。（B）同一过程的三维视图。内球内的物体对外球外的观察者是不可见的。引自彭德里等人[①]。经 AAAS 许可转载。

微波二维隐形斗篷实验的实现[③]采用了基于变换光学的设计。它涉及以非立方甚至非周期性的模式使用分裂环形谐振器。实验证明了这一原理。

10.6 结束语

超材料的发展扩展了材料的概念。它们对各种波的响应取决于它们的结构，而不是它们的化学成分。超材料的结构元素不是原子或分子，而是比原子大得多但比它们要控制的电磁波波长小的实体。为了控制可见光，这些实体必须处于纳米级，而且它们的制造涉及纳米技术。在更大的尺度上，超材

[①] Pendry, J B, Schurig, D and Smith, D R, Science 312, 1780 (2006).

[②] Ward, A J and Pendry, J B, J. Mod. Opt. 43, 773 (1996).

[③] Schurig, D, Mock, J J, Justice, B J, Cummer, S A, Pendry, J B, Starr, A F and Smith, D R, Science 314, 977 (2006).

料被引入建筑物甚至城市的地震防护中①，方法是使用精心设计的空钻孔阵列和填充谐振包体的钻孔阵列来抑制地震波。类似的想法正在探索中，以保护沿海地区免受海啸的影响。这是材料科学和地球科学之间思维交叉融合的又一例证。超材料领域仍处于快速发展的状态，很可能还会有更多的惊喜和应用。

超材料是在物理定律范围内由原创的、突破性的思维构想出来的。它们是材料设计的典范。发展变换光学是为了设计具有所需特性的材料，如隐形斗篷。数据科学和人工智能能否发现超材料？我看不出如何才能发现。构思、设计和制造超材料需要约翰·彭德里和大卫·史密斯那样的想象力和真正的智慧。

延伸阅读

Cai, W and Shalaev, V, *Optical metamaterials*, Springer (2010).

Pendry, J B, in *Light and matter*, 36th Professor Harry Messel International Science School for High School Students, ed. C Stewart, Science Foundation for Physics of the University of Sydney (2011).

---

① Miniaci, M, Krushynska, A, Bosia, F and Pugno N M, New J. Phys. 18, 083041 (2016).

第十一章
作为材料的生物物质

我无法创造我不能理解的东西。
——理查德·费曼，写在他办公室的黑板上，在他去世后不久被发现。

11.1 概 念

作为一种材料，生物物质通过能量的集体消耗行为表现出自组织。从非生命物质中创造生命物质是科学的终极目标。

11.2 什么是生命？

在第三章中，我们看到固体和液体中的扩散是原子不规则运动的结果。但在更大的尺度上，扩散是有序和确定的——它遵循微分方程。这是统计物理学成功的一个案例，其中较大尺度的物理定律在更小尺度的原子不规则行为中出现。另一个例子是容器中的气体产生的压力，该压力是由气体原子从容器壁面反弹时的动量交换产生的。在薛定谔的书中，他将统计物理学的方法与存储在细胞中决定其功能并包含遗传信息的独特物质进行了对比[1]。正是这种对比使薛定谔得出结论，生命物质的物理学与迄今为止针对大量原子和分子应用非常成功的统计物理学截然不同。巧合的是，薛定谔的书与发现DNA是存储遗传信息分子的书在同一年出版[2]。

许多分子生物学的先驱都承认薛定谔的书对其工作的启发。包括弗朗西斯·克里克和詹姆斯·沃森，他们与莫里斯·威尔金斯一起因揭示DNA结构于1962年获得诺贝尔生理学/医学奖。然而并不是每个人都对此印象深刻。1987年，

---

[1] Schrodinger, Erwin *What is Life?*, Cambridge University Press (1944).
[2] Avery, O T, MacLeod, C M and McCarty, M, Journal of Experimental Medicine 79, 137 (1944).

曾于1962年获得诺贝尔化学奖的分子生物学家马克斯·佩鲁茨做出如下评述[1]：

然而，可悲的是，仔细研究了他的书和相关文献后，我发现他书中的真实内容不是原创的，而且即使在这本书写成时，大部分原创内容也被认为是不真实的。此外，这本书忽略了一些在印刷之前发表的重要发现……生命与物理统计定律之间的明显矛盾可以通过援引一门被薛定谔忽略的学科来解决。那门学科就是化学。

我们通常可以很容易地分辨出有生命物质和无生命物质之间的区别。生物学家已经确定了所有生物都会做的七件事：它们对刺激做出反应、随时间推移而成长、自我繁殖、调节体温、代谢食物、包含一个或多个细胞，并适应环境。但是，识别生物所做的事情并不等同于定义生命是什么，也不能解释生命是如何产生的。定义生命是非常困难的。例如，我们可以说繁殖能力是生命的基本特征。但是骡子不能自我繁殖，因为它是不育的。另一方面，病毒可以自我复制，但其只能寄托于宿主细胞的机制和新陈代谢。病毒是活的还是死的？似乎还没有定论。美国航空航天局（NASA）寻找外星生命至少需要一个有效的生命定义，因为没有它，美国航空航天局怎么知道他们是否找到了生命呢？美国航空航天局对生命的有效定义是："生命是一个能够进行达尔文进化的自我维持的化学系统。"作为一个有效定义，它的用处可能会受到限制，因为达尔文进化论可能需要更多的时间来做出判断。诺贝尔奖获得者保罗·纳斯在他最新的著作[2]中介绍了生物学的五大重要观点，并从中得出了定义生命的三个原则：

1. 生物必须能够通过自然选择进化。这就要求它们有繁衍的能力，它们要有遗传系统，而且它们的遗传系统要有变异的能力。

2. 生命形式包含在它们的环境中，与环境分离，但又相互联系，就像细胞一样。

3. 生命形式是有目的地接收和响应信息的化学和物理机器。目的可能是保护自己、繁殖后代、寻找食物等。

随着新的研究体系和研究机构的建立，人们对"生命物理学"的兴趣重新得到关注。在2019年的一篇《物理评论快报》的社论中，格里尔和查特写道[3]：

---

[1] Perutz, M F, in *Schrodinger: Centenary Celebration of a Polymath*, edited by Kilmister, C W, pages 234-251, Copyright © Cambridge University Press 1987. 经 PLSclear 许可转载。

[2] Nurse, Paul, *What is Life*? David Fickling Books (2020).

[3] 经许可转载节选自 Grill, S W and Chate, H, Physical Review Letters 123, 130001 (2019)。版权所有 (2019) 美国物理学会。

……我们必须走得更远，包括有生命物质的材料科学、复杂的自组织过程以及信息理论方面。

作为该方向研究复兴的一部分，人们越来越认识到集体现象在生物学中的作用，这些集体现象是由远离热力学平衡的较小成分之间的相互作用引起的，从而导致了生物系统中明显的复杂性[1]。这代表了从非常成功的分子生物学和单分子生物物理学领域的还原论方法到将生物体视为复杂系统的观点的转变。它与第八章中关于远离平衡的材料中缺陷的集体行为的作用，以及新现象和新材料物理性质的出现的讨论有相似之处。仅将生命视为分子水平上的一组宏观化学反应，可能与仅在原子尺度上研究非生命材料的性质一样具有限制性。系统生物学家将生物体视为复杂系统，通过每个细胞内发生的无数化学过程来处理有关自身及其环境的信息。细化复杂性本身并不是目的。它必须解释细胞如何对信息做出反应以达到某种目的，为复杂性提供意义。

11.3 活性物质

生物细胞是动态对象。它们可以改变形状、分裂和移动。细胞质是细胞核和细胞膜之间的物质，大约80%是水。细胞的形状和刚度由细胞质中某些蛋白质分子组成的细丝网络决定。该网络就像支撑细胞的支架，因此被称为细胞骨架。细胞骨架决定了细胞如何机械地响应被施加的力。细胞骨架的细丝也是马达蛋白运送其它蛋白质和细胞结构物质的通道[2]。它是由蛋白质分子的重复序列组成的聚合物。通过聚合和解聚反应组装和分解细丝，细胞可以改变形状和移动。它还可以对相邻的细胞施加作用力。

将细胞视为一种材料，研究其机械性能很有趣。我们已经使用多种实验技术来做到这一点[3]。研究发现，细胞表现出了非线性弹性行为，同时，细胞在给定力下具有持续变形的能力，说明细胞具有黏性行为。一些更灵活的聚合物通过热波动引入扭结。当这些扭结在外力作用下被拉直时，弹性模量增加。在超过30秒的时间尺度上，细胞骨架会重组，这会导致附加弛豫和黏性行为。细胞骨架在这些更长的时间尺度上通过新的聚合和解聚

---

[1] Goldenfeld, N and Woese, C, Annual Review of Condensed Matter Physics 2, 375 (2011).
[2] 马达蛋白从ATP（三磷酸腺苷）水解生成ADP（二磷酸腺苷）或AMP（单磷酸腺苷）时释放的化学能中获取需要的能量。
[3] Kasza, K E, Rowat, A C, Liu, J, Angelini, T E, Brangwynne, C P, Koenderink, G H and Weitz, D A, Current opinion in cell biology 19, 101 (2007).

反应适应环境，以使细胞能够以不同于任何其他聚合物网络的方式对力响应。

与非生命物质相比，生命物质不断地从其环境中消耗能量来为其各种功能提供动力。分子自组装以在细胞内制造"机器"。细胞骨架结构和细胞内部重组使细胞能够改变形状和移动。细胞聚集在一起形成组织。组织自组织形成器官和有机体。在组织的每个等级层次上，新的生物功能来自远离热力学平衡的较小规模的"动因"的集体行动。活性物质领域"在材料科学和细胞生物学的交界处"[1]，试图理解自我驱动能量消耗体的集体行动如何导致细胞和更大的生物结构的自组织。活性物质与在远离平衡的晶体中出现的自组织缺陷结构之间存在明显的相似之处，如在加工硬化中（见第八章）。本质的区别是：1）生物学中的自组织"动因"是自驱动机器，消耗其环境提供的能量；2）生物学中的"动因"是有目的的。

为了研究细胞骨架模型中的自组织过程，有学者已经合成了活性物质系统[2]，该系统仅由构成生物聚合物的蛋白质和含有 ATP 和 GTP[3] 的溶液中的马达蛋白组成。ATP 为分子马达和聚合反应提供燃料。GTP 为解聚反应提供燃料。生物聚合物存在固有的电极化作用。这迫使分子马达仅在一个方向上沿细胞骨架迁移，一些朝向正端，另一些朝向负端。肌球蛋白马达向称为微丝的肌动蛋白聚合物的正端移动。驱动蛋白和动力蛋白马达沿着被称为微管的微管蛋白聚合物移动。蛋白马达可以是连续性的或非连续性的。在与聚合物分离之前，连续性马达可能会执行许多步骤，并且单个马达分子可以将负载物运送很远的距离。驱动蛋白和动力蛋白马达是连续的，驱动蛋白马达移动到微管的正端，而动力蛋白马达移动到微管的负端。特别的是，Ncd 是 kinesin-14A 马达家族的一员，其向微管的负端移动。大多数连续性马达通过两个分子"头"连接到聚合物上，并通过交替移动的头沿着聚合物移动。非连续性马达在一个步骤后离开聚合物。当它们数量众多时，仍然可以将负载物运送很远的距离。马达蛋白通过在聚合物分子之间建立交联使它们能够相对滑动来重组形成细胞骨架的生物聚合物网络。

图 11.1 显示了混合微管蛋白（微管的单体）和一种马达蛋白混合在体外产生的结构，其中驱动蛋白（a）-（c）或 Ncd（d）-（f）是马达蛋白浓度的函数。在驱动蛋白分子马达的最低浓度下，微管是随机排列的，如图 11.1（a）所示。在稍高浓度（b）的驱动蛋白形成涡旋。在更高的浓度（c）出现

---

[1] Needleman, D and Dogic, Z, Nature Reviews Materials 2, 17048 (2017).
[2] Surrey, T, Nedelec, F, Leibler, S and Karsenti, E, Science 292, 1167 (2001).
[3] GTP 指鸟苷三磷酸。

微管的星状结构，称为星状体。相比之下，只有星状体是用 Ncd 驱动蛋白 (e) 和 (f) 形成的。驱动蛋白和 Ncd 组织结构中的星状体具有不同的微管方向。微管的负（正）端指向用 Ncd（驱动蛋白）马达产生的星状体的中心。在这两种情况下，马达蛋白都聚集在星状体的中心。

图 11.1　在微管蛋白和不同浓度的驱动蛋白（a）-(c) 或 Ncd（d）-(f) 驱动蛋白以及 ATP 和 GTP 的溶液中产生的微管自组织结构的暗场光学显微照片。引自 Surrey, T, Nedelec, F, Leibler, S and Karsenti, E, Science 292, 1167（2001）。经 AAAS 许可转载。

图 11.2 显示了驱动蛋白和 Ncd 蛋白马达在微管蛋白与 ACT 和 GCT 溶液中同时作用产生的自组织微管结构。这些马达向微管的两端移动。在马达与微管蛋白浓度的最低比率下，驱动蛋白马达产生涡旋，而 Ncd 马达产生星状体，见图 11.2（a）。这与图 11.1（b）和图 11.1（e）一致。在图 11.2（b）(c) 中，我们看到增加总马达蛋白浓度与微管蛋白浓度之比，同时保持 Ncd 与驱动蛋白浓度之比为常数的效果。其产生了一个"极点"网络，类似于头发的分叉，最终导致马达与微管蛋白浓度的比率更高，从而产生 Ncd 或驱动蛋白的星状体。图 11.2（d）-(f) 显示了在恒定微管蛋白浓度下增加驱动蛋白与 Ncd 驱动蛋白比例的效果。

这些实验表明，可以在细胞外研究能量消耗"动因"对生物结构的自组织。它们激发了新的理论和计算研究，并开辟了材料科学的新领域。

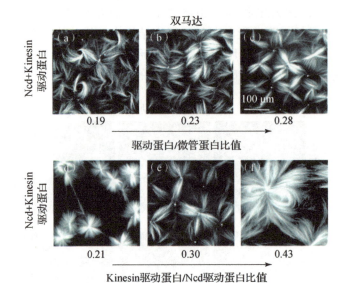

图 11.2 在微管蛋白溶液中由驱动蛋白和 Ncd 驱动蛋白以及 ATP 和 GTP 为该过程提供燃料所产生的微管自组织结构的暗场光学显微照片。(a)-(c):在恒定 Ncd/驱动蛋白浓度比下,驱动/微管蛋白比率的变化。驱动蛋白、Ncd 和微管蛋白的浓度分别为 (a) 1.2、4.0 和 28 μM;(b) 1.5、4.9 和 28 μM;(c) 1.7、5.6 和 26 μM。(d)-(f):驱动蛋白/Ncd 浓度比的变化。驱动蛋白和 Ncd 浓度分别为 (d) 1.2 和 5.6 μM;(e) 1.7 和 5.6 μM;(f) 2.0 和 4.6 μM。微管蛋白浓度为 28 μM。引自 Surrey, T, Nedelec, F, Leibler, S and Karsenti, E, Science 292, 1167 (2001)。经 AAAS 许可转载。

11.4 合成生物学

一些科学家认为,只有当我们能够从无生命的物质中创造生命时,我们才能理解生命是什么以及它是如何产生的——这一思想与本章开头引用的费曼的名言相吻合。

2010 年,克莱格·文特尔及其同事在这条道路上迈出了第一步,他们创造了第一个由合成 DNA 控制的活细胞[①]。他们通过首先"制作"一部分细菌 DNA 分子链,重建了一种叫做蕈状支原体的常见细菌基因组。这些分子链被认为是生命所必需的最小"母体"。通过将它们置入酵母中,然后放入大肠杆菌,这些链将重新组装成一个整体。这些细菌的先天修复机制把这些链视为断裂的片段,并将它们组装成一个完整的基因组。为了识别它们,研究人员将一些编码信息序列插入重新组装的基因组,其中包括本章开头引述的费曼

---

① Gibson, D G, Glass, J I, Lartigue, C et al., Science 329, 52 (2010).

的话。这些"水印"序列不会影响最终生物体的功能，但这些标记在其后代中的存在表明合成基因组正在被传递，将合成的基因组移植到另一株已去除基因组的支原体中。一旦新基因组被移植，它就会被细胞"读取"以制造一组新的蛋白质，并且在很短的时间内，该支原体的所有特征都消失了，而蕈状支原体的特征则出现了。通过这种方式，研究人员重建了一种现有的细菌生命形式——蕈状支原体，但使用的是人造基因组。合成细胞的所有结构，除了它的基因组以外，都来自一个预先存在的支原体细胞。这是一个了不起的进步，但距离创造新生命还有很长的路要走。

正如纳斯的书中描述的那样，细胞的结构极其复杂。有人努力制造人工细胞，最近采用的是"自下而上"的方法①，使用的是人们很容易理解的成分。但到目前为止，人们还没有制造出完全符合定义生命的三个原则的人造细胞。

11.5 结束语

从消耗能量的生物"动因"的集体作用中产生的各种自组织结构确实非常了不起。生物和非生物物质都在更大的尺度上表现出新的结构，这些新结构是由较小尺度上"动因"的集体作用产生的。在生物物质中，新结构具有目的和意义。

根据纳斯的三个原则，从无生命的材料中创造生命仍然是科学上最大的挑战之一。

延伸阅读

Davies, J A, *Synthetic biology: A very short introduction*. Oxford University Press (2018).

Davies, Paul *The demon in the machine: How hidden webs of information are solving the mystery of life*, Allen Lane (2019).

Nurse, Paul *What is Life? Understanding biology in five steps*, David Fickling Books (2020).

---

① Powell, K, Nature 563, 172 (2018).